U0217692

草木岁时

Flowers of Edo
A Guide to
Classical Japanese Flowers

江户时代的
风雅植物画

［日］田岛一彦 著

曾秀娟 译

電子工業出版社

Publishing House of Electronics Industry

北京·BEIJING

Originally published in Japan by PIE International

Under the title 美し、をかし、和名由来の江戸花図鑑

(*Flowers of Edo:A Guide to Classical Japanese Flowers*)

© 2019 Kazuhiko Tajima / PIE International

日本語版デザイン：淡海季史子

PIE International

Simplified Chinese translation rights arranged through Copyright Agency of China, CHINA

版权贸易合同登记号 图字：01-2021-0835

图书在版编目（CIP）数据

草木岁时 ：江户时代的风雅植物画 / （日）田岛一彦著 ；曾秀娟译. —— 北京 ：电子工业出版社，2024.9

ISBN 978-7-121-46802-5

Ⅰ. ①草… Ⅱ. ①田… ②曾… Ⅲ. ①植物—图集

Ⅳ. ①Q94-64

中国国家版本馆CIP数据核字（2023）第230756号

责任编辑：于庆芸　　　　特约编辑：赵清清

印　　刷：天津市银博印刷集团有限公司

装　　订：天津市银博印刷集团有限公司

出版发行：电子工业出版社

　　　　　北京市海淀区万寿路173信箱　邮编：100036

开　　本：787×1092　1/16　　印张：13.5　　字数：302.4千字

版　　次：2024年9月第1版

印　　次：2024年9月第1次印刷

定　　价：108.00元

参与本书翻译人员：马巍。

读 者 服 务

读者在阅读本书的过程中如果遇到问题，可以关注"有艺"公众号，通过公众号与我们取得联系。此外，通过关注"有艺"公众号，您还可以获取更多的新书资讯、书单推荐、优惠活动等相关信息。

扫一扫关注"有艺"

投稿、团购合作：请发邮件至 art@phei.com.cn。

江户的植物图谱

　　《神农本草经》是中国最早的本草类著作。所谓本草，指的是中国传统医学里关于药物的学问。本草学这门学问的定义是探究人类生存所需的食物以及人类维持身体健康所需的基础知识。《神农本草经》这个名字里的"神农"取自中国古代神话里的帝王、农业和药物之神"神农"之名。虽然此书的原本已不复存在，但南北朝的医药学家陶弘景整理、汇编了该书，这本加工过的书籍流传到了后世。在日本追溯到飞鸟时代，还留有该书传入日本的记录。随着时代的进步，医药学书籍也得到了发展，中国明朝医学家李时珍于1578年出版了被称为本草学集大成之作的《本草纲目》。在日本，《本草纲目》这本书从江户时代到幕府末期一直被奉为本草学的基础。贝原益轩是以《益轩十训》等作品而闻名的朱子学者，也是日本的本草学者。他参考《本草纲目》这本书，在原本的内容之上，又增加了日本和其他国家的特色内容，并以自己独特的视角进行了分类，形成了他的著作《大和本草》（1708年）。他致力于在日本社会中普及这门研究自然万物的学问。此后，1803年小野兰山出版了《本草纲目启蒙》，这本书虽然被当作《本草纲目》的解读书籍，但也记载了很多丰富的信息，比如书中列举了草药的日文名称、中文名称及方言里的不同称谓，还添加了一些自己的看法。并且，这本书还催生出了新形态的本草类书籍，这种新形态的书籍不同于过去一贯以文字为主，转而以图画为主。兰山在编辑书籍时把视觉信息也考虑在内，他的门人岩崎灌园的出现，实现了通过图画来展示植物的真实面貌。而色彩也成了不可缺少的展示内容，于是日本最早的彩色植物图鉴《本草图谱》（1830年）终于诞生了。《本草图谱》由96卷组成，全书制作耗费20余年，采访了各个阶层的人，以本草学者为主要代表，上至大名，下至普通的园林工人，根据受访者提供的信息，进行了充分的分析和研究，具有划时代的意义。

日文名称的来历

　　如果要盘点花名和它的语源，可以说是形形色色、各种各样。有的花名表现了花朵、叶子的特征，有的花名取自人们的日常生活，或者从古代中国传来的中文名字直接音译而成，还有以讹传讹、将错就错的，不可一一枚举。不过看得出来，当时给花取名的人想象力十分丰富。例如，"梅"（日语发音：ume）是成熟果实"熟实"（日语发音：umumi）的音变。也有人说当时中国人都称之为"乌梅"，吴音方言叫作"umei"，根据这个吴音就得了现在这个日文名称。此外，此花还有一个日文别称叫"春告草"，因为它在春天开花。关于花名的来历，我认为可以大致分为几大类：1. 用人、动物、道具来比喻花姿，例如鸡头、堇、辛夷、鸢尾、敦盛草、杜鹃、抚子等。2. 根据特点（对性质、功效、结构的比喻）来命名，例如蒲公英、桐、栀子、睡莲、龙胆。3. 根据地方风土特色（地域、历史、风俗）取名，例如彼岸花、樱花、葛等。4. 直接用中文名字的读音取名，例如芍药、牡丹、石榴、桂花、佛桑花。5. 源自中日文以外的外语词汇，例如樱桃、南京胡瓜等。关于植物的日文名称的来历，历来说法不一，研究界也有意见分歧。而且，有一部分植物至今词源不明。因此，本书不能一一枚举，对有的名称和说法只好割爱，仅为大家重点介绍其标准日文名称、图谱里常见名称、别名等这些名称的由来，同时结合植物学文化，也为大家介绍植物的拉丁文学名、传入日本的时间、涉及的诗歌、药效、民间药方里的用法、花语等。希望大家可以通过这本书，欣赏到这些植物别具一格的一面。植物的名称、花的名称像方言一样千差万别，这些从地方特色、风土人情里诞生的名字，今后也将世世代代流传下去。

春

郁金香

郁金香
Utsukonko

牡丹百合
Botanyuri

チュリパ
Tulip

　　原产于小亚细亚，百合科多年生草本植物，拉丁文学名为 Tulipa gesneriana，郁金香属。属名 Tulipa 来源于土耳其语 "Tulbend"（穆斯林头巾），因为花的形状和穆斯林头巾相似而得名。16 世纪中叶，神圣罗马帝国派往土耳其进行和平谈判的使者德·布斯克带回了这种花的球茎和种子，并在欧洲范围内传播。17 世纪，欧洲人掀起了炒买郁金香的热潮，后来该事件被称为 "郁金香泡沫"。当时荷兰盛行的郁金香栽培技术在某种意义上为荷兰的现代花卉大国地位奠定了基础。郁金香传入日本的时间是日本幕府末年到明治维新时期。因为其花香和姜黄的味道相似，遂其日文名称 "郁金香" 的发音来源于 "姜黄" 的日语发音。花语是 "博爱" "体贴"。不同颜色的郁金香有着不同的花语，红色代表 "爱的告白"，黄色代表 "没有希望的爱"，绿色代表 "美丽的眼睛"，紫色代表 "不灭的爱"。

鬱金香　千ユリパ　荷蘭

常正云荷蘭ニエイン
マンの圖がツ花の色品
類甚多く其中ニ品
ヲ唐書ニ云大宗時
マ写に時珍の記
云昆圖鬱金香葉
似麥門冬ニ九月花開

状似芙蓉ニ其色紫
珀石香聞数十歩亦有
香

花而不實ニ云是ヲ
又觥界云火奈國
二月三月有花状紅
藍四月五月採花即
香

宇田川榕菴いふ「テユリパ」ハ和蘭拂蘭西等の花
園ニ養ひ「テユリパ」ハ羅甸の名ニツ和蘭ニてモ「テユルプ」
と呼ぶ莖圓ニ中軟き髄あり高さ尺許根より三葉を
生じ葉濶く且つ波被なり先光る莖の頭六
辧の大き花を放つ一花ニ様々に色々特つ
紫黃白其他雜色あり香し花後三稜の實を
結ぶ内ニ三室あり室中ニ種子あり種子元つ赤し
闒く僃し根の球え色黃或ハ黑し

猪牙花

片栗
Katakuri

坚香子
Katakago

片笼
Katakago

片子百合
Katakoyuri

分布于中国、日本及朝鲜半岛，百合科多年生草本植物，拉丁文学名为 Erythronium Japonicum，猪牙花属。属名 Erythronium 是希腊语，意为"红色"。关于"片栗"这个日文名称的来历，有一种说法：在开花前它是一片叶子，因为叶子和小鹿的形状相似，所以取名为"片叶鹿之子"，后来又演变成"坚香子"，最终得名"片栗"。片栗从种子发芽到长出叶子大约要 4~5 年，历时 7~8 年才终于开花。将根茎磨碎加入水，用布过滤提取出淀粉，经过干燥处理后的产物就叫片栗，可以用作肠胃药、补药，还可以治疗湿疹。《万叶集》中收录了一首由大伴家持[1] 所作的和歌："少女无数人 / 打水结伴来 / 寺井一隅地 / 片栗花自开"，吟咏了一群少女和在她们身边绽放的美丽片栗。因花朵绽放时宛若少女低头，所以片栗的花语有"初恋""忍受寂寞"之意。

1　大伴家持（718—785），奈良时代的政治家、诗人。

一種　りくらいとうの類

武川九其谷野川日光山等よりいつる南部の名産なり正月一葉ともに
ひらき其二葉出るものハ花あり
花ハ深紫色根白色指歌の如く裏て茎となり乾て粉とる
蔵器の説ハ葉飲車前とて入れたり

梅

梅
Ume

味草
Nioigusa

春告草
Harutsugegusa

风待草
Kazemachigusa

原产于中国，蔷薇科落叶小乔木或乔木，拉丁文学名为 Prunus mume。早在奈良时代之前就自中国传入日本。现在人们一说赏花就会想到樱花，但是在万叶时代梅花才是人们的最爱。关于日文名称"梅"的来历，有多种说法，一说是日语"熟实"的变音；一说是中国把没成熟的果实熏制处理后取名"乌梅"，在吴音方言里发音就是"umei"，所以日文名称叫作"梅"，总之说法很多。梅也被叫作"母亲树"，据说是因为它的果实有强烈的酸味，孕妇很喜欢吃。在药用方面，人们用它来调理肠胃、退烧。菅原道真被贬谪到太宰府，临行前创作和歌与庭院中的梅花惜别："东风吹 / 梅花吐芳菲 / 主人虽不在 / 毋忘春日来。"结果奇迹发生，梅花一夜之间就移到了菅原道真的去处。因为这个神奇的传说，祭祀菅原道真的天满宫都种满了梅花。也因为道真的这个传说，梅花的花语代表"忠诚""气节""高洁"。

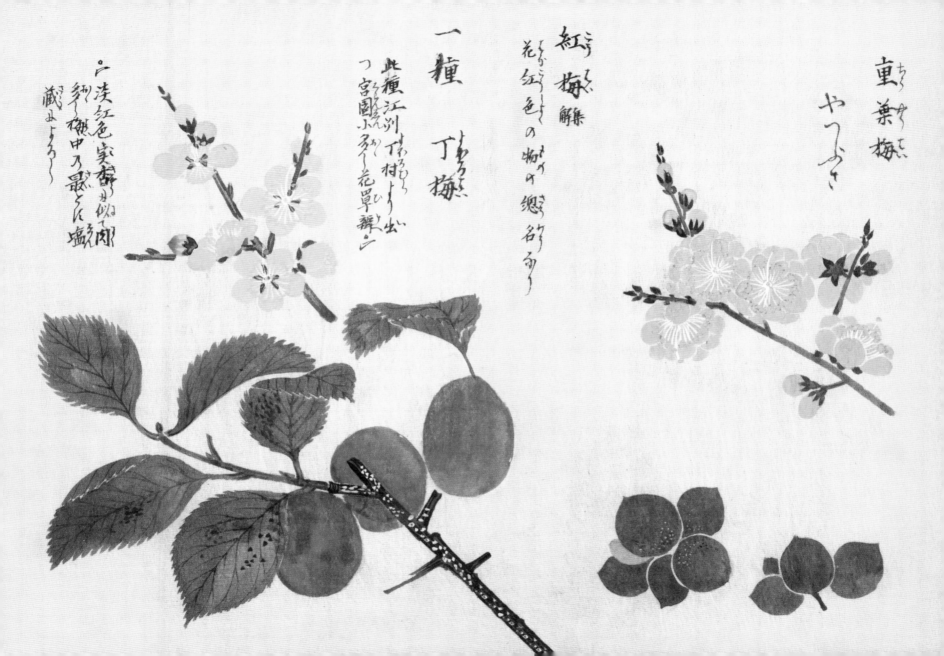

重葉梅
やつぶさ

紅梅解
花紅色の物総名なり

一種　丁梅
此種江州村より出
宮園に多し花單瓣に

ヾ淡紅色実杏に似て肉
細く核中に入最とに塩
蔵によろし

垂丝海棠

海棠
Kaido

花海棠
Hanakaido

垂丝海棠
Suishikaido

眠花
Nemuribana

　　原产于中国，蔷薇科落叶灌木或小乔木，拉丁文学名为 Malus halliana。属名 Malus 是希腊语，意为"苹果"。海棠有多个品种，据说西府海棠于 15 世纪末期传入日本，花海棠于 18 世纪传入日本。现在一般说海棠指的就是垂丝海棠。日文名称"海棠"里的"棠"字意为"梨"，源自"渡海而来的梨"。在中国，海棠花自古以来就作为东方名花深受人们喜爱。在唐朝，有一天唐玄宗（唐明皇）来到香亭，召见杨贵妃。杨贵妃因前夜饮酒，宿醉尚未清醒，高力士便扶着她来到唐明皇的面前。看到她妆容未整，发髻凌乱，钗环不整，别有一番动人。唐明皇笑着说："这哪里是贵妃醉酒，简直就是海棠没有睡醒！""海棠春睡"的故事就这样流传了下来，海棠又得名眠花，成了形容美人的典故。花语是"美人春睡""温和"。人们形容美丽的女性垂头丧气的样子还会说"海棠带雨湿红妆"。

海紅　津わやどう

無絲　海棠
集解

花仙　典籍
領覧

瞳妃　名物
法言

貼幹海棠
集解

樹ハ林檎ニ似て葉
薄く嫩葉紅色を帯
此春花あう且辮淡紅
色實ハ指頭の犬
さ秋熟くを食
みそれあり

紫藤　ふぢ

一名　招豆藤　本草開寶

まつみぐさ　藏玉集　むらさき　藻塩草

ふぢ　いとめ　おはふぢかつら　共小長門

野ふぢの山野自生多く藤蔓樹の如く葉の撫患子に似て莖長く圓莖互生し四月枝梢小穂をふ以下垂る大さ三四尺花ハ蘿豆まめ小似て紫色後角を結ぶ籽豆をあやら小似て長し

多花紫藤

藤
Fuji

野田藤
Nodafuji

紫藤
Murasakifuji

紫藤
Shito

原产于中国、日本，豆科落叶攀援藤本，拉丁文学名是 Wisteria floribunda。原产日本的种子分两种，一种叫野田藤系，藤蔓向右卷；还有一种叫山藤系，藤蔓向左卷。日文名称"藤"是日语里表示"吹散"的单词的缩写。在中文里，"藤"和"紫藤"是指中国紫藤。日文一般用"藤"字。《万叶集》里有 27 首咏颂藤的作品，比如大伴四纲撰写的一首和歌："藤浪之 / 花者盛尔 / 成来 / 平城京乎 / 御念八君。"《源氏物语》中也有人物名叫"藤壶"。以藤花为题材的作品有很多。自古就有把男性比作松柏，把女性比作藤花的说法，把松树和藤种植在一起，以表秦晋之好。因为紫藤的花姿富有东方风情，有欢迎外国人的意味，所以花语是"欢迎您"。

牡丹

牡丹
Botan

深见草
Fukamigusa

二十日草
Hatsukagusa

　　原产自中国西北部，牡丹科落叶灌木，拉丁文学名为 Paeonia suffruticosa。有一种说法认为奈良时代日本和尚空海从中国带回了牡丹，开始在日本的首都栽培。因为牡丹，奈良的寺院诞生了众多名胜景点。最初它是一种药用植物，后来因其花姿出众，被人们列入观赏之花。日文名称"牡丹"是中文名称"牡丹"的音译。古名"深见草"取自"它是来自中国渤海"的意思。"牡丹"二字，并不是按字面意思表示一定要和母株同色，而是由于它不能结子，故以"牡"（雄性）来命名，同时因为牡丹中赤色的花被视为顶级品种，因而使用了表示红色的"丹"字来命名。牡丹的根皮是中医里的一味生药，叫牡丹皮，可以消炎、镇痛，治疗妇科病。牡丹因其雍容华贵、花姿绰约，在中国被称为"花王""花神"，花语是"王者风范""高贵"。

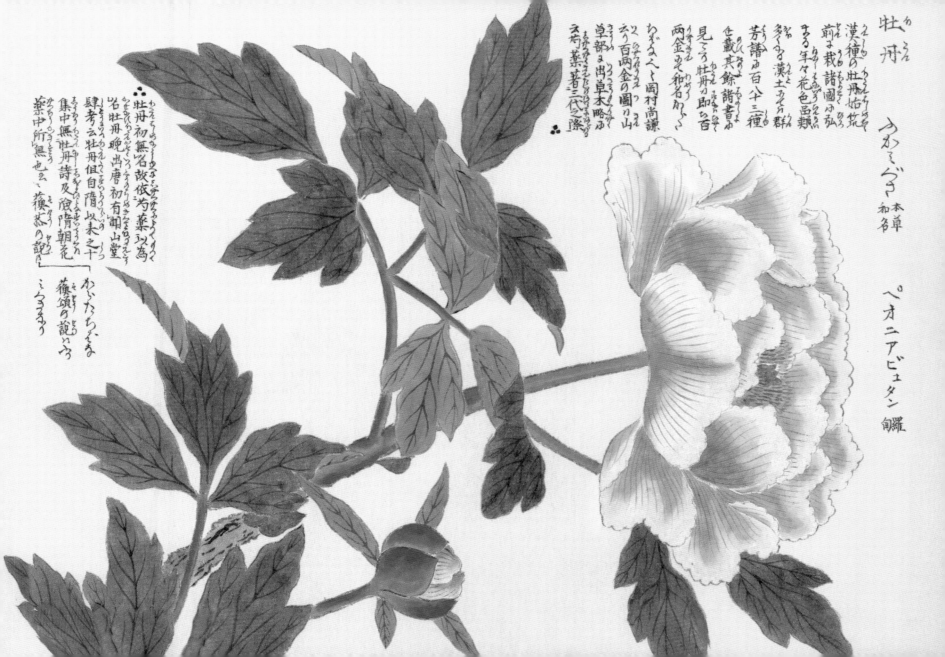

牡丹　かほよぐさ　本草　和名

ペオニアアビュタン　羅

玫瑰

薔薇
Shobi

薔薇
Sobi / Bara

玫瑰
Maikai

月季花
Gekkika

原产于北半球，蔷薇科半常绿或落叶灌木，蔷薇属。属名 Rosa，源于凯尔特语"Rhodd"（红色）和希腊语"Rhodon"（玫瑰）。蔷薇的历史悠久，有记录可追溯到古代四大文明时期，那时人们就已开始种植。它也出现在神话世界里，据说是爱情与美丽的女神阿芙洛狄忒诞生时盛开的花卉。玫瑰远在平安时代从中国传入日本。自古以来，人们就被美丽的玫瑰花所吸引，并将它用作贵重的药用植物和香料。英文习语"Under the rose"代表着秘密，这与在罗马帝国末期宴席上若悬挂玫瑰则谈话内容不得外传的习俗有关。玫瑰象征着爱情，象征着人生奥秘，它的花语有很多，大多表达了爱和感情，例如"爱""激情""嫉妒""美丽"。

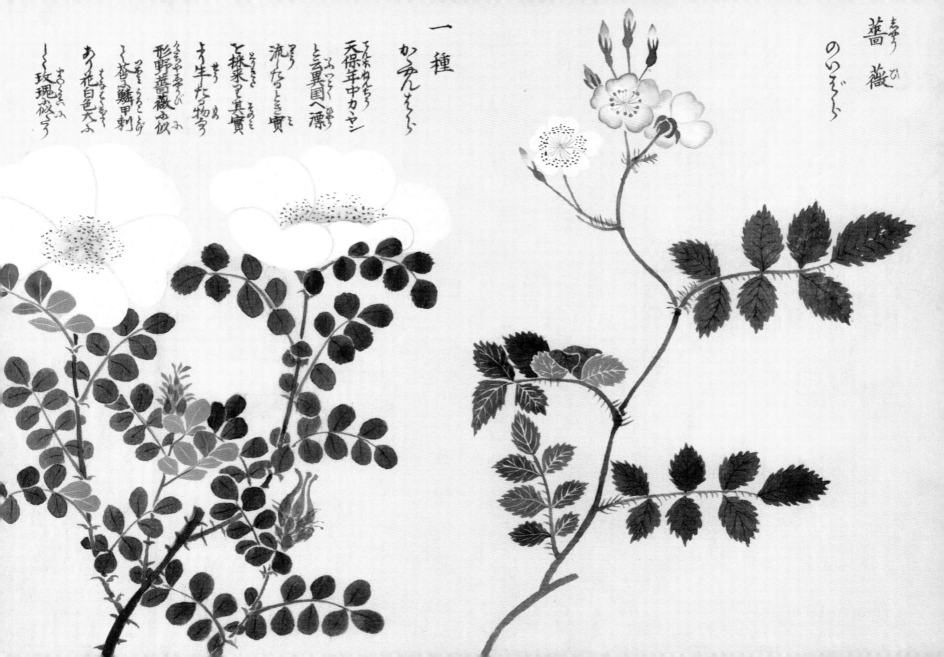

薔薇
のいばら

一種
かいさうら

天保年中カ、ヤンと云異国へ漂流したるとき實を挿采て其實より生たる物か形野薔薇に似て蒼く鱗甲刺ありて花白色大ふ玫瑰に似う

鸢尾

一初
Ichihatsu

鸢尾草
Ichihatsu

鸢尾
Enbi

原产于中国，鸢尾科多年生草本植物，拉丁文学名为 Iris tectorum。从平安时代的文献记录可知，它是由中国传入日本的。开淡紫色或者白色的花，十分美丽。它是鸢尾属里开花时间最早的花，因此日文别名也叫"一初"，意为"第一"。此外，因其花柱好似收拢羽毛的鸢鸟，所以还有一个日文别名叫作"鸢尾草"，中文名称叫鸢尾。过去，人们在屋顶上种鸢尾，以防茅屋屋顶漏雨或者起到加固屋顶的作用。还有人相信种植鸢尾可以防风或防火。在欧洲也有同样的风俗，法国诗人雷米·德·古尔蒙的诗作里也曾写道："四月户户屋顶种鸢尾 / 也栽种在我家庭院里 / 艳阳朗照。"此外，据说法国王室的徽章就是以鸢尾为原型设计的。鸢尾的花语是"小心火烛""智慧"。

鳶尾（とびひ）

さゆそくき　和名
いちはつ
ひそりつき　別

一名
紫蝴蝶
芥子園畫傳

一種
白花の物

木曽の馬篭あたり人家のまへに栽る葉の薄き
蝴蝶花緑にして似て三四月茎は柚一尺
餘茎の花在離く形燕子花に似て

○園のうねたひらにて紫
碧色三瓣小ふくれ
上に向ひ三瓣は大き
して下に向ふ心黄
色の處あり根の指の
大さ形知色に似う

蒲公英

蒲公英
Tanpopo

鼓草
Tsudumigusa

布知奈
Fudina

多奈
Tana

　　主要分布在欧亚大陆，菊科多年生草本植物，拉丁文学名为 Taraxacum platycarpum，蒲公英属。属名 Taraxacum 源自阿拉伯语 "Tharakhchakon"，意为 "苦菜"。据平安时代的《本草和名》一书记载，对应中文名称蒲公英，日文名称就用了 "布知奈" 和 "多奈"，到了江户时代开始写成 "蒲公英"。还有一种说法，把蒲公英的茎翻过来好像一个鼓的形状，所以被叫作 "鼓草"。而 "蒲公英" 这个名字则来源于蒲公英的种子成熟后，风一吹就会四散飞走的景象，给人以轻盈飘荡的感觉，这与日语中模仿敲鼓的声音相似，因此得名。英文名称叫 "Dandelion"，则因其叶子形似锯齿，像狮子的牙齿一样。在中医里，蒲公英被当作退烧、健胃药。在欧洲，人们从古希腊时代起就广泛使用蒲公英，将其当成一种万能药。因为蒲公英的绒毛会被用来占卜恋情，所以其花语是 "爱的神谕"，又因其绒毛会随风远去，故得一花语 "别离"。

一種
紅花の物

つくき
たんほ

一種
花大なる
物

蒲公英

春兰　春兰
Shunran

黑子　爷爷婆婆
Hokuro　Jijibaba

　　原产于中国、日本及朝鲜半岛，兰科多年生草本植物，拉丁文学名为 Cymbidium goeringii。属名 Cymbidium 是"Cymbe"（舟）和"Eidso"（形）的合成词，表示"嘴唇的形状"。日文名称"春兰"是中文名称"春兰"的音译，但在中国这个名字却是指另一种植物。据说它在春天里比其他兰花开得早，因而得名。又因为其唇瓣上有斑点，所以叫作"黑子"。春兰开花前的花蕾长得很像和尚的光头，所以有"和尚"的别称。"兰"的英文名称是"Orchid"，源于希腊语"Orchis"（睾丸）。另外，它在古代还有"爷爷婆婆"这样的古名，据说是因为人们将"雄蕊"比作男性，将"（兰科的）唇瓣"比作女性，还有其他几个名称也与性有关。用盐腌制春兰的花瓣，再注入热水，便制成了可饮用的春兰茶。它的根也可以当作外用药治疗皲裂，花语是"朴素的心"。

春<ruby>蘭<rt>らん</rt></ruby> 正 <ruby>誤<rt>ご</rt></ruby>

<ruby>春<rt>しゆん</rt></ruby>

おくさ

處々山中にあり葉ハ麥門冬によく似て硬く春花を開く
一莖一花形建蘭の如く一根ふとく灰白色々て
庭堅謂一幹一花為蘭者指此也

羅願黄

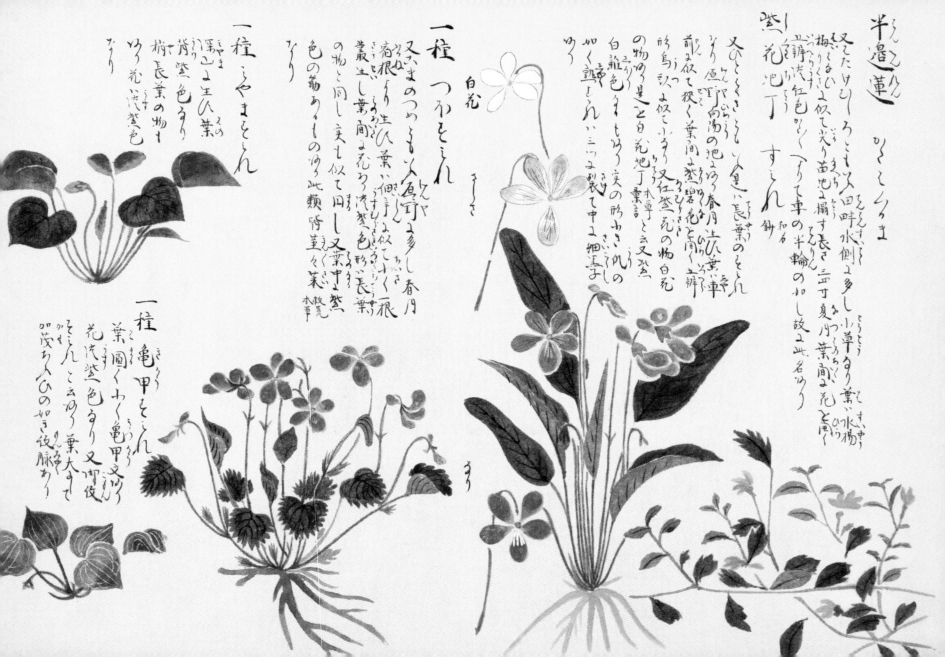

半邊蓮 りさくれくま

紫花地丁 すみれ

白花 きさ

一種 つわをとれ

一種 やまをとれ

一種 亀甲をとれ

东北堇菜

堇
Sumire

紫花地丁
Shikajicho

二叶草
Futabagusa

一夜草
Hitoyogusa

原产地遍布全球，堇菜科多年生草本植物，拉丁文学名为 Viola mandshurica。属名 Viola 源于古拉丁语 "Viola"。据说日文名称 "堇" 是因其花朵形似木匠的工具墨斗，由此转译而来。堇花自古以来就受到人们的喜爱，《万叶集》中记录了山部赤人所写的一首和歌："我来到春天的田野里摘堇花 / 怀念田野 / 一夜不能睡。" 众所周知，它也是拿破仑非常喜爱的花，他把和妻子约瑟芬的再会称为 "回到堇花盛开之时。" 在拿破仑死后，人们在他的盒式项链坠里发现除了妻子的一缕头发，还有一朵堇花。民间也把堇花用来入药，把根煎汁，用作发热敷料的制作材料，可以有效治疗口腔炎、关节痛等。因为人们把堇花可爱的花姿比作诚实、纯真的象征，所以它的花语是 "忠诚的爱" "贞淑" "信任"。

桃

桃
Momo

毛桃　花桃
Kemomo　Hanamomo

　　原产于中国北部，蔷薇科落叶灌木或小乔木，拉丁文学名为Prunus persica，意思是"波斯的李子"。据说这是经由波斯传到欧洲时，被误认为是波斯原产，所以得了这个名字。在绳文至弥生时代传入日本。关于日文名称"毛毛"的来源，众说纷纭，有说其实是因为有毛而得此名，或称"燃实"，意为燃烧的果实。桃子自古被当作女性的性别象征，据说鬼和恶魔会因为害怕它而逃走。从这一民间信仰来看，人们认为它具有辟邪的力量。中国人把它当作长生不老和繁荣的象征。日本的女儿节也叫"桃花节"。在"桃花节"的庆典上，人们用相传可以驱魔的桃花做装饰，庆贺女孩子长大。桃的种子是一种叫作桃仁的中药材，有消炎、止痛等功效，可以治疗妇科病。桃的花语是"你的俘虏"。

山桃集解
毛桃集解
褫桃上同
まめ

田村氏実小うすくもの
少く味ひ美らんにうて花草瓣淡紅
うく実小く黒くもう
横大うくて肉

五月早桃集解　さむ　ちつう
もんげ　ちうひ
花ハ草瓣淡
紅実五月熟
して紅色肉
まく紅らくて血
の如く味ひ美
らひ

山桃集解

紫玉兰　木兰
Mokuren

木莲华　木兰　紫木莲
Mokurenge　Mokuran　Shimokuren

原产于亚洲、美洲，木兰科落叶灌木，拉丁文学名为 Magnolia liliiflora[1]。属名 Magnolia 来源于法国植物学家马尼奥尔的名字。种加词[2]Liliiflora 是"似百合之花"的意思。它的英文名称是"Magnolia"，在欧美深受人们喜爱。人们从距今约 1 亿多年前的地层中发掘出了木兰的化石，因此它被称为地球最古老的花木。在花开时节，数不清的花朵同时绽放，华丽的花姿自古就令无数人为之倾倒。在日本，因其清雅秀丽，被列为观赏类的庭院树，有很多人种植。以前，人们觉得紫玉兰的花朵和兰花很相似，所以叫它"木兰"。而现在，人们又觉得它酷似莲花，因而开始叫它"木莲"。大概是因为硕大的花朵向着天空绽放的样子惹人喜爱，紫玉兰的花语有"高洁的心""崇高""热爱自然"等。

1　紫玉兰的拉丁文学名为 Yulania liliiflora（Desr.）D.L.Fu，Magndia liliiflora 为其异名。

2　种加词，又称种小名，指双名法中物种名的第二部分。

皱叶木兰

辛夷
Kobushi

山岚
Yamaararagi

古不之波之加美
Kobushihajikami

　　原产于日本、朝鲜半岛南部，木兰科落叶乔木，拉丁文学名为 Magnolia kobus。日文名称"辛夷"是因其花蕾形似小孩子握着的拳头而得名。在日本自古以来都写作汉字"辛夷"，但这是误用。在中国"辛夷"二字指的是木兰。在日本古代曾用名有"山岚""古不之波之加美"等。之所以叫"古不之波之加美"是因为其果实味道辛辣。花期和樱花一样，都是在春耕时节开花，所以也有一些带着"樱"字的别名，比如"田内樱""种莳樱"。此外，相传春之神就住在辛夷树上。中医把经过干燥处理的花蕾叫作辛夷，用于治疗头痛、鼻炎、流脓、花粉症等。辛夷的花语是"友爱""友情"。因为其花朵洁白纯洁，让人联想到毫无戒心的伟大友谊。

毛樱桃

梅桃
Yusuraume

樱桃
Yusuraume

山樱桃
Yusuraume

英桃
Yusuraume

　　原产于中国西北部，蔷薇科落叶灌木，拉丁文学名为 Prunus tomentosa。属名 Prunus 是拉丁语，意为"李子"。种加词 Tomentosa，意为"密密的绒毛"。开浅红色或者白色的小花，果实鲜红。关于日文名称"梅桃"的来历，有两种说法。一说其枝叶容易随风摇摆，而且摇晃一下树干会有果实掉下来，所以由"摇之梅"转音而得其名；一说根据朝鲜语"移徒乐"的发音得名。它于江户时代早期传入日本。在那个时代的书籍里，写作"樱桃"。到了明治时期，"樱桃"二字开始用来指代另外一种植物樱桃，所以又改用"朱樱"二字。它的果实除了可以生吃，还可以用于制作果酒，种子可以药用。生药名叫作毛樱桃，对于滋补身体、消除疲劳很有帮助，种子有治疗便秘、利尿、消除浮肿的功效，花语是"乡愁""闪闪发光"。

櫻桃

やまつばき

山中自生の品すべ
て樹高き二丈許あ
リ四時葉凋まに葉
の形柯の葉に似て
圓く厚く周リ小鋸歯あり冬月枝の
先とふ蕾を生一花を開く五辮或は六辮小して深紅あり花
散るときは辮散せにして落る実は指頭の大さふして中小三四
子あり

蹠蹠茶集
解

山茶
椿
Tsubaki

山茶 海石榴
Tsubaki / Shancha Tsubaki

原产于中国、日本以及东南亚，山茶科常绿灌木或乔木，拉丁文学名为 Camellia japonica。日本原产的山茶在欧洲极受欢迎，在这股潮流里，法国小说家亚历山大·小仲马在其作品《茶花女》中也写到此花，让这部作品收获了很高的人气。关于日文名称"椿"的来历，有很多种说法，一说因为叶子厚，所以从"厚叶木"的日文单词转变而来；还有的说是从表达"有光泽的叶子"的日文单词"光泽叶木"转变而来。自日本万叶时代以来，山茶不仅受到人们的喜爱，它的种子提取出来的油还被人们用来食用、做灯油、入药。在中国，这种油曾被视为长生不老药，尤为珍贵。日本进入室町时代以后，随着茶道盛行，在茶道的插花艺术中广为运用。到了江户时代，山茶也受到了普罗大众的欢迎。山茶的花语依颜色而不同，红色代表"保守的美德"，白色代表"极致的可爱"。

酢浆草

酢浆草
Katabami

傍食
Katabami

酸物草
Suimonogusa

雀之袴
Suzumenohakama

分布在世界各地，原产地不明，酢浆草科多年生草本植物，拉丁文学名为 Oxalis corniculata。属名 Oxalis 来自希腊语 "Oxys"（酸味）。因为外观看起来像少了一半的叶子，所以被称为"傍食"。此外，酢浆草的叶和茎咀嚼起来有酸味，其别称很多，比如"酸物草"。它在江户时代作为观赏植物传入日本。花朵为黄色，花瓣有 5 瓣，其叶子、花、果实的曲线很美，所以很多家纹的设计也采用了此花。在西方，自古以来就被人们当作防身之物，可以避免蛇之类有毒生物的侵害。另外，上战场的士兵们相信，如果把它系在剑上，可以作为护身符，防范突发性的灾难。在西班牙、法国、意大利等地，因为酢浆草在复活节期间开放，所以被叫作"哈利路亚"，也因此被赋予了"喜悦""心灵的光辉"这样的花语。

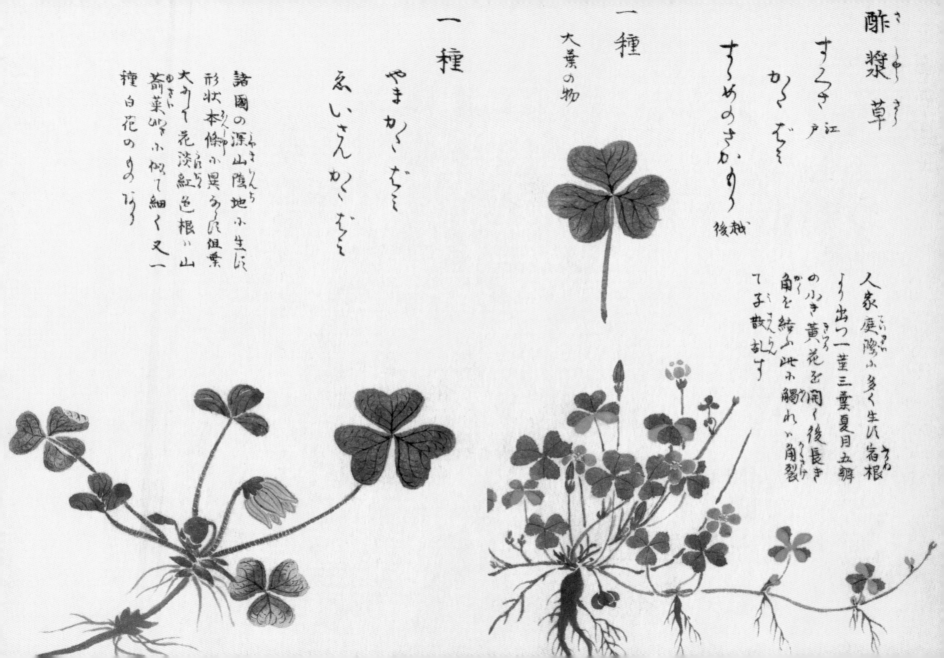

酢漿草 さくしやうさう

すくさ 江戸

かくばみ

すゞめのさかづり 越後
大葉の物

一種
やまかくばみ
ゑいさんかくばみ

一種

人家庭際に多く生じ宿根
より出て一茎三葉夏月五弁
の小き黄花を開く後長き
角を結ぶ此に觸れば角裂
てこを散乱す

諸國の深山陰地に小生に
形状本條小異なり但葉
大なして花淡紅色根は山
蕎麥に似て細く又一
種白花のものあり

紫荆

紫荆

花苏芳
Hanazuo

苏芳花　　　苏芳木　　　紫荆
Suobana　　 Suogi　　　 Shikei

原产于中国，豆科落叶灌木或小乔木，拉丁文学名为 Cercis chinensis。属名 Cercis，因其荚的形状与 "Cercis"（小刀的鞘）相似而得名。紫荆以其盛开的美丽的紫红色花朵而闻名，是一种很常见的花木。江户时代早期从中国传入日本。它的日文名称 "苏芳花" 源自花朵颜色和苏木的红色染料相似，后来演变成 "花苏芳"。中文名称叫作 "紫荆"。因为紫红色的花开满枝头，所以也有 "满条红" 的日文别名。在日本，紫荆只是用来供人观赏，而在中国还会把它的树皮、根皮、叶、花果入药。紫荆的花语是 "喜悦" "觉醒"。传说背叛了耶稣的犹大便是在南欧紫荆[1]的树上丧命，也许是因为这个传说，所以在欧洲紫荆的花语是 "背叛" "疑惑" "不信任"。

1　南欧紫荆，拉丁文学名为 Cercis siliquastrum，日文名称为 "西洋花苏芳"。

扇脉杓兰

熊谷草
Kumagaiso

布袋草　喇叭草　独角仙
Hoteiso　Rappagusa　Tokukyakusen

原产于中国、日本，兰科多年生草本植物，拉丁文学名为Cypripedium japonicum。属名 Cypripedium 来源于希腊语的"Kypris"（希腊神话中女神阿芙洛狄忒的别名）和"Pedilon"（拖鞋）。其标志就是扇形的大叶子和丰硕的卵形花瓣。熊谷直实是源氏家族的武将，熊谷草得名于其袋子状的圆唇瓣很像熊谷直实为了躲避乱箭所背的那个巨大的武具——母衣。这是日本特有的品种，和敦盛草并称为传说之兰。敦盛草这个名字取自一之谷战役中和直实对战的平敦盛。直实要讨伐敦盛，但是一看到敦盛的脸，却深深震惊了，这个少年竟然和自己的儿子一样年幼。据说直实在一之谷战役后就出家为敦盛超度亡魂。此花名的来历也让我们体验了一回历史。扇脉杓兰的花语是"虚有其表""反复无常的美人"。

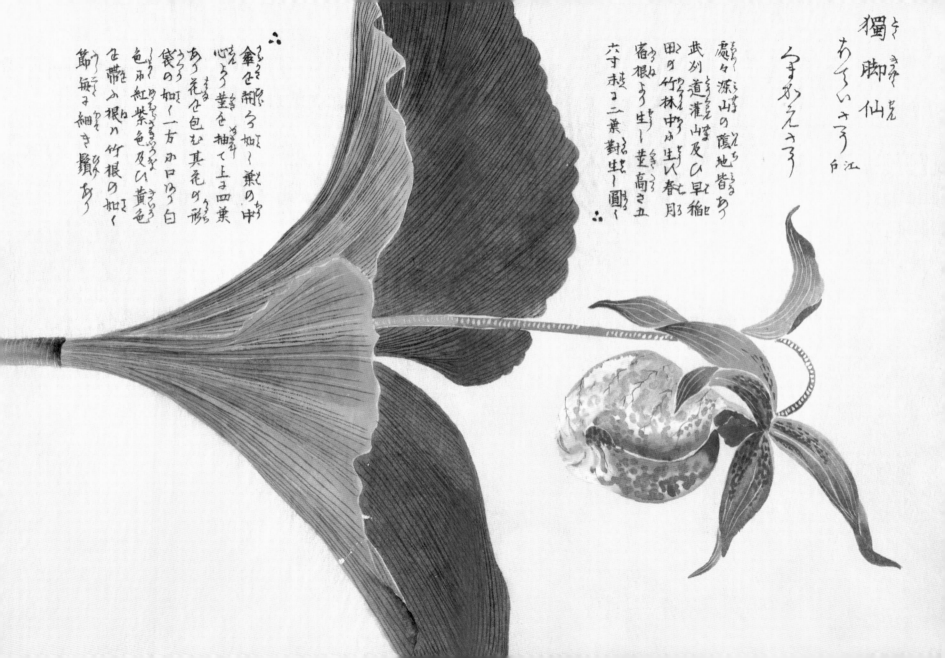

獨脚仙
あてきいさう
名まかえさう 江白

處々深山の蔭地皆あり
武列道灌山及ひ早稲
田ノ竹林中ゟ生ひ春
宿根より生し莖高さ五
六寸茎ニ二葉對生し圓く

傘を開く如く欹の中
心より莖を抽て上ニ四葉
あり花を包む其花の形
袋の如く一方ゆゟ白
色ゟ紅紫色及ひ黄色
在帶ひ根ハ竹根の如く
節毎ニ細き鬚あり

大花杓兰

敦盛草
Atsumoriso

延命小袋
Enmeikobukuro

原产于日本，兰科多年生草本植物，拉丁文学名为 Cypripedium macranthum。属名 Cypripedium 来源于希腊语的"Kypris"（希腊神话中女神阿芙洛狄忒的别名）和"Pedilon"（拖鞋）。种加词 Macranthum 翻译过来的意思是"大花的"。其特点是高 30~40cm，生长在特定的一些山地草原上。叶子呈椭圆形，茎顶开一朵长 5cm 的花。和扇脉杓兰一样是丰硕的圆形花，而大花杓兰的花色更艳。花色除了紫红色，还有淡红色和白色。另外，虽然大花杓兰喜欢向阳的地方，但扇脉杓兰却喜欢阴凉处，那些地方只从树缝里能透下一些阳光。日文名称敦盛草来源于武将平敦盛，大袋状的唇瓣很像敦盛为了避免中箭而背上的武具——母衣，因此得名。大花杓兰的花语是"永不相忘""反复无常"。

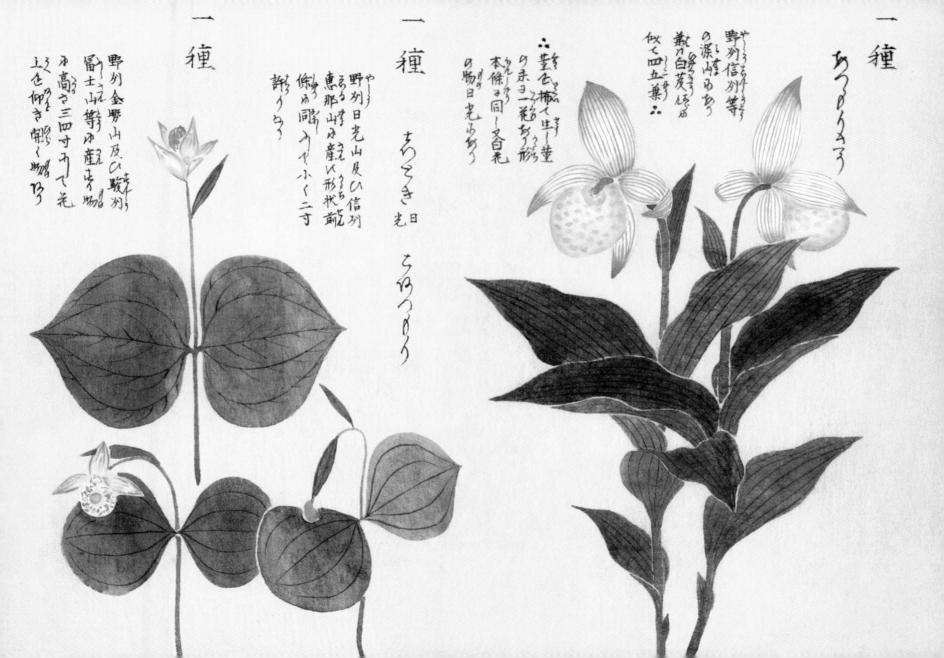

一種

あつもりそう

やまぶきさうの
野刈信州等
の深山にあり
をばたらん
數に白笈のよ
似て四五葉に

二蓋に捵て生一莖
より末ヨ一花あり形
本條の同く各花
の物日光にあり

一種

あさき　日
光

ちゅつもり

野刈日光山及ひ信州
えな山の恵
恵那山の産に形状前
條の同ふく小く二寸
許りあり

一種

野刈金勝山及ひ駿刕
冨士山等の産に物館
の高さ三四寸にて花
上を仰き靍く物あり

一種

へみすゑぎ

山櫨と

形状頗る同く実を
裁て三年より花実
を生く枝幹軟弱
実大めて肉多く
梗少く熟せし時に
紅色薬用に上品
なり

野山楂

山楂
Sanzashi

山楂子
Sanzashi

山枋
Yamasumi

早桃
Samomo

　　原产于中国，蔷薇科落叶灌木，拉丁文学名为 Crataegus cuneata。属名 Crataegus 取自希腊语 "Kratos"（力量），表示其木质坚硬。野山楂开白色五瓣花。日文名称 "山楂" 取自当时的中文名称 "山楂子" 的读音。日本江户时代早期，它作为一种药用植物经朝鲜传入日本。江户幕府的第八代将军德川吉宗在御药园也有栽培。据说在古希腊，人们用山楂木在婚礼上做火把，用山楂的树枝做新娘的桂冠。另外，据说基督被处死时所戴冠冕就是用山楂的枝条做的，所以山楂拥有逃离灾难的神奇力量。中医将其果肉称为山栌子、山楂子，用于健胃、调理肠道、治疗食物中毒、解宿醉，还可以用砂糖腌渍食用。因为它是春天开花，所以花语是 "希望" "甜蜜的希望" 等。

荷青花

山吹草
Yamabukiso

草山吹
Kusayamabuki

分布在中国以及日本的本州到九州地区，罂粟科多年生草本植物，拉丁文学名为 Chelidonium japonicum。属名 Chelidonium 来自希腊语 "Chelidon"（燕子）。其特征是生长在山地的树林里或森林中阴冷潮湿的地方，叶和茎含有黄色的汁液。这个属名源自一个传说，燕子妈妈用山吹汁给小燕子宝宝清洗眼睛。日文名称 "山吹草"，得名于它在春日里盛开的黄色花朵和蔷薇科的 "山吹" 很相似。但是，说相似也只是颜色相似。"山吹" 有 5 片花瓣，"山吹草" 有 4 片花瓣，形状并不相同，草长约 30~40cm。种植时建议避开日照强烈、干燥的地方，推荐选择庭院树荫下这种湿度大的地方。如果要种作盆栽，由于这种植物会长得很高，所以最好准备大一点的花盆。

黄花□

一種
重瓣の物

一種
細葉の物

贴梗海棠　木瓜
Boke

木瓜　毛介　唐木瓜
Mokukuwa　Moke　Karaboke

　　原产于中国，蔷薇科落叶灌木，拉丁文学名为 Chaenomeles speciosa，取自希腊语 "Chaino"（张大嘴打哈欠）和 "Meles"（苹果）。平安时代传入日本，果实用来入药，后用作园艺栽培。日文名称 "木瓜" 的来历有两种说法，一种说法是给中文名称 "木瓜" 配的汉字 "毛介"。另一种说法是把木瓜叫作 "bokuwa"，后来转音就成了现在这个词。瑞典植物学家卡尔·彼得·通伯格在 1784 年所著的《日本植物志》中将其介绍为 "多刺的日本梨"。其果实也被叫作木瓜，是生药，可以做成果酒来消除疲劳、治疗失眠症，也可以把果实煎成茶来喝，据说有解暑的功效。因为先开花后长叶子，所以它的花语是 "早熟" "先驱者"。此外，因其学名有 "打哈欠" 之意，还得了一个花语 "无聊"。

りんぐ
木瓜

わらどう
ぼけ

わらびぼけ

櫻花

櫻
Sakura

佐久良
Sakura

花王
Hananoo

木之花
Konohana

原产于日本，分布在北半球的温和地带，亚洲、欧洲至北美洲均有种植。蔷薇科落叶灌木或者乔木，属名为 Prunus，是日本的国花。"樱"这个名称的来历有很多种说法，一说是古时候人们用樱花树占卜粮食能否丰收，所以这个名字有向谷物之灵膜拜的意思。还有一种说法认为这个名称是从《古事记》里的女神木花开耶姬名字的发音转音而来。平安时期樱花取代了梅，成了代表日本的花木。喜爱樱花的大名建了很多观赏樱花的名胜景点，百姓也都出来赏樱花。著名的樱花品种染井吉野就起源于江户时代末期的染井村（也就是现在东京驹込附近），是染井村的花匠培育出的品种。1712 年，日本的樱花第一次被介绍给全世界，又于 1822 年出口到欧洲。樱花是一种生药，樱树皮可以治疗皮肤疾病，其花语是"精神之美""纯洁"。

一種

やま
さくら

大和芳野名産あり深山さくら
あり一葉は李子似て潤て花は三月
開し單瓣水紅色大き梅花の如
く其實櫻桃に似て圓く堂長し
塩藏し食むれは酒の酔を解け

罂粟

芥子
Keshi

罂子   罂粟
Keshi   Keshi / Insu

原产于希腊、西南亚，罂粟科，拉丁文学名为 Papaver somniferum，取自"Papa"（粥）和"Somnus"（催眠）这两个词。日文名称"罂子"其实是对"芥子"的误读。原本是指芥菜，因为种子相似而被人们误用了这个名字。考古人员从古代人类活动的遗迹中发现了这种种子。罂粟花瓣近圆形或近扇形，因为其花姿绰约，罂粟在室町时代被日本人用于插花，花语是"睡眠""忘却"。

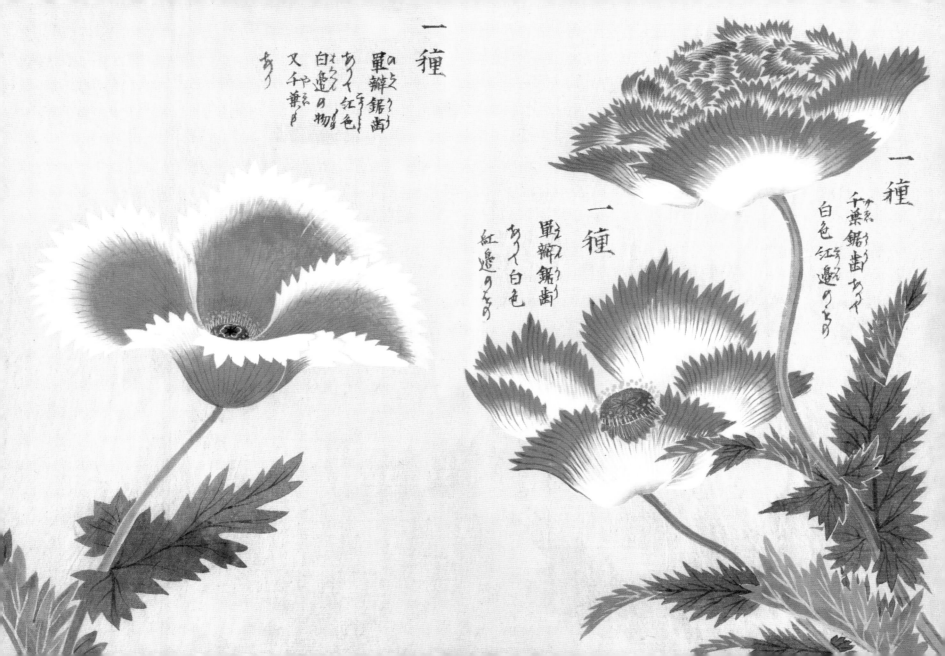

齿叶溲疏

空木
Utsugi

卯之花
Unohana

溲疏
Soso

　　原产于日本，虎耳草科落叶灌木，拉丁文学名为 Deutzia crenata。在山野里广泛生长，高度为 1~3m，大多分枝。当前广泛采用的日文名称"空木"是因为其树干是空心的。齿叶溲疏还有一个别名叫作"卯之花"，是"空木花"的缩写。也有说法认为是因为它在旧历四月，即卯月开花，而得名。在日本，自古以来这种植物就被称为"卯之花"，深受人们喜爱。《万叶集》中有 24 首咏唱卯之花的作品，例如"五月山中／卯之花月夜／闻之不厌／亦鸣啭不已。"随着时间的推移齿叶溲疏的树枝会变得越来越轻且结实，所以在祭神仪式上会用来当作火杵。另外，据说这种花还会用来占卜收成。因为其果实和叶子可以入药，所以会在干燥处理后用于利尿、消除浮肿。齿叶溲疏的花语是"古风""秘密""夏天到来"。

溲疏^そ

うつぎ　うつけ^{土州}　おろろのもろ^{和名鈔}

うのえ^土　さめき^{薩州}

集解の諸説みな的當ならされとも古説に随てうつきを載に山野人家
とり分多く向う樹高さ七八尺に至る枝葉對生し春月嫩芽を生し葉の形
木天蓼に似て厚く周りに鋸歯あり初夏摘に二三寸の穂をなして五辨の白花
を開く形桔梗に似て大き四五分許り後實を結ぶ形めんけつのまの如し

朝鲜锦带花

箱根空木
Hakoneutsugi

箱根花
Hakonebana

箱根卯花
Hakoneunohana

分布在日本，忍冬科落叶灌木，拉丁文学名为 Weigela coraeensis。属名 Weigela 来源于德国化学家魏格尔的名字。种加词 Coraeensis 意为"朝鲜产"。每年 5~6 月，会开出很多吊钟状的花。起初是白色的花，然后逐渐变成红色或紫红色。红色和白色的花朵交错开放，美不胜收。现在主要用于观赏。虽然日本各地都有分布，但主要是在太平洋一侧的沿海地区，所以一般认为人为栽种后野生化了。日文名称"箱根空木"的叫法有误，因为这种植物在箱根并没有野生的，由于其花色会发生变化，所以花语是"移情别恋"。

细齿南星（原变种）

浦岛草
Urashimaso

蛇草
Hebikusa

蛇腰挂
Hebinokoshikake

虎掌
Kosho

　　原产于日本，天南星科多年生草本植物，拉丁文学名为 Arisaema urashima[1]。属名 Arisaema 是 "Aris"（一种植物名）和 "Haima"（血）的合成词，因为叶子上有紫褐色的斑点而得名。种加词 Urashima 取自日文名称 "浦岛草"。浦岛草的花序前端细长，像线一样，被联想到传说里浦岛太郎的钓竿上的垂线，所以日文名叫作 "浦岛草"。这个称呼的历史很悠久，据说可以追溯到江户时代以前。另外，因为它的花朵形状如同蛇翘首，因此也被称为 "蛇草" "蛇腰挂"。它一种是有毒植物，如果吃了它的根茎，会引发呕吐、腹痛等中毒症状。还有一种和它同属于天南星科天南星属的植物叫 "蝮草"（中文名称为 "细齿南星"）。它的球茎是一种叫天南星的生药，作为消炎药可以治疗风湿病和神经痛。

1　Arisaema urashima，全称 Arisaema thunbergii subsp. urashima。

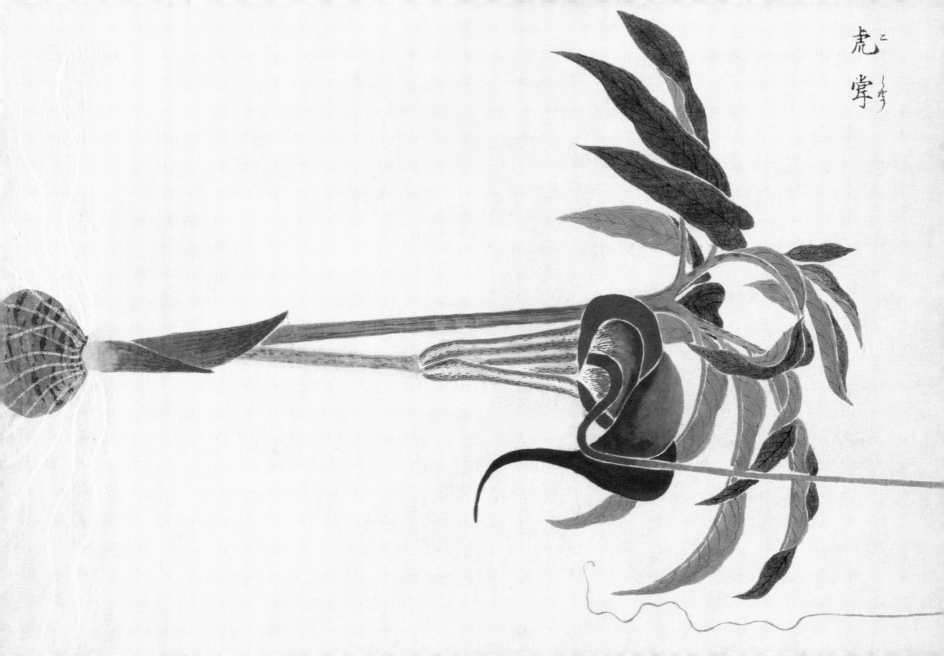

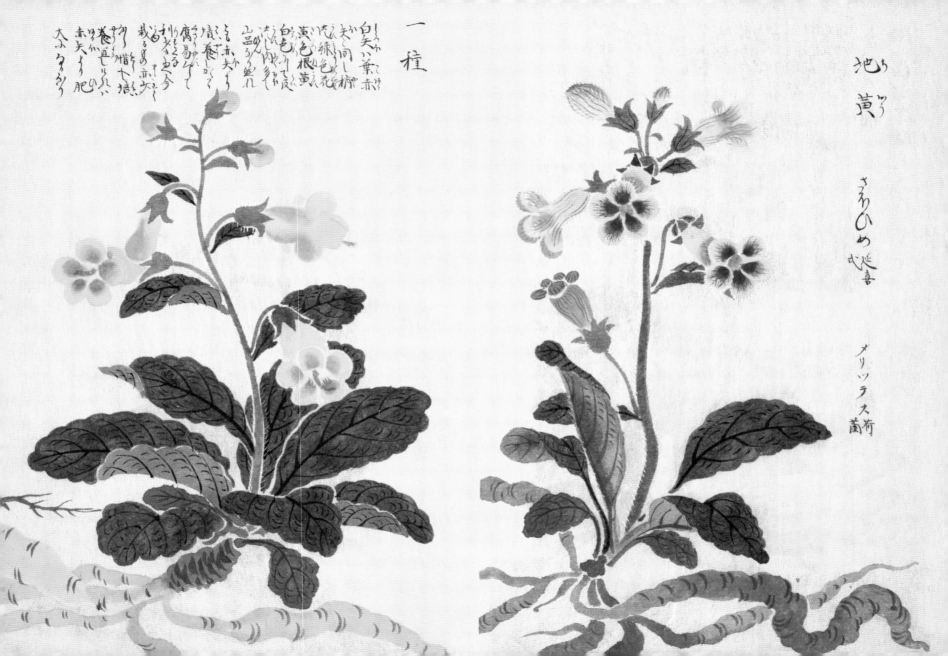

地黃

さうひめ 延喜
弍

メリツラス菌荷

地黄

地黄
Jio

赤矢地黄
Akayajio

佐保姫
Sahohime

原产于中国北部和东北部，玄参科多年生草本植物，拉丁文学名为 Rehmannia glutinosa。属名 Rehmannia 来源于俄罗斯皇帝侍医约瑟夫·列曼的名字。叶子间露出花茎，顶部开几朵淡红色的大花。据说中文名称"地黄"意为"黄色肥硕的根"，但详细情况不明。日文名称有"赤矢地黄""佐保姫"等。佐保姫这个名称据说来源于春天之神佐保姫。地黄的根茎被中医称作地黄，用来退烧，还可以作为补药。用不同的加工方法制作的中药，名称也不同，储存在背阴的沙地里的叫作生地黄；将生地黄蒸制后晒干制成的称为熟地黄；把采集的根马上晒干制成的叫作干地黄。这种植物于平安时代传入日本，自古以来就被人们用作中药药材。

杜鵑

躑躅
Tsutsuji

躑躅
Tekichoku

火取草
Hitorigusa

　　原产于亚洲、欧洲、北美洲，杜鹃花科常绿落叶灌木。属名Rhododendron 是 "Rhodon"（玫瑰）和 "Dendron"（树木）的合成词，意为 "开红花的树"。杜鹃花的名称来历有多种说法，一说是因为花呈 "筒状"；还有说法认为这种花的花朵相继开放，称为 "陆续开"，还有的说法是因为它的中文名称叫作 "杜鹃"，等等。图谱里是一种叫作 "莲华躑躅（日本杜鹃花）" 的品种，因为它的花朵呈漏斗状，把它比作莲花。中文名字叫羊躑躅，据说是因为羊吃了这种花会脚步迟缓，倒地而亡。英文名称 "Azalea"，取自希腊语表示 "干燥" 之意的单词 "Azaleos"，据说这是因为欧洲的杜鹃花多长在干燥的岩石地区而得名。因为杜鹃花是红色的，所以其中一个花语是 "热情"，除此以外还有 "爱的喜悦""初恋"。

羊躑躅

淡紅花

毛泡桐

桐
Kiri

桐木
Kirinoki

白桐
Shirogiri

花桐
Hanagiri

一叶草
Hitohagusa

原产于中国，玄参科落叶乔木，拉丁文学名为 Paulownia tomentosa。属名 Paulownia 源于俄罗斯皇帝保罗一世的女儿安娜·保罗娜公主的名字。泡桐的名称来源于《大和本草》中的描述："此木切则速长，故名曰泡桐"，意指即使将泡桐木砍伐，它也能迅速发芽并茁壮成长，因此得名"泡桐"。中文名称里的"桐"字是指树干和花都是筒状的。在中国自古传说是凤凰居住的吉祥树。在日本平安时代初期，作为皇室和掌权者的家纹，桐纹广泛应用于盔甲和刀剑上，再到丰臣秀吉时代，桐纹被更广泛地应用于一般的工艺和美术品上。同时，桐木还是高级家具木材，被用来制作衣橱和琴等。可以说，泡桐是一种自古以来就深受人们喜爱的植物。

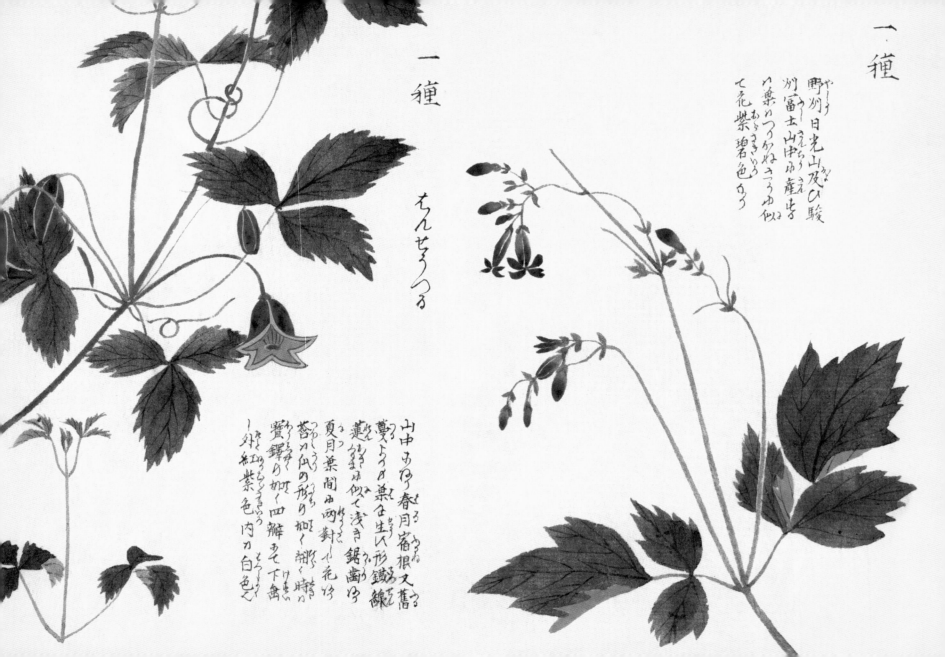

一種

一種

そんせうつる

野州日光山及ひ駿
州富士山中ニ産ス
ハ葉ハつるかねさうニ似
あるきりそう
て花紫碧色なり

山中ニあり春月宿根又舊
蔓よりも葉は生い形鐵線
蓮ちかまに似て浅き鋸齒
夏月葉間ニ両對いて花好
苞ハ凩の形り如く細く開く時ハ
賞鐸り如く四解そ下無
紅紫色内ハ白色て

铁线莲

半钟蔓

Hanshoduru

　　分布在日本，毛茛科的落叶草质藤本植物，拉丁文学名为 Clematis japonica。属名 Clematis 取自希腊语"Klema"，意思是"打卷或者向上卷"。紫褐色吊钟状的花朝下方绽放，茎是木质的，呈暗紫色。叶子是对生的，3~9cm 的三小叶，花柱长 2cm 左右，状似白色羽毛。是同属植物转子莲（拉丁文学名为 Clematis patens）和铁线莲（拉丁文学名为 Clematis florida）的改良品种。多生长在日本本州、四国、九州的山地和树林中。因为有耐阴性，所以多生长在半阴的环境或湿气大的地方。日文名称"半钟蔓"的来历，是因其花朵向下吊着，长得很像通报火灾等灾情时敲打的吊钟，再加上它是草质藤本，故在名称中加上了"藤"的发音。花姿虽然比不上其他同属的花朵华丽，但是其向下开放的样子很是可爱，自有一番风情。

日本耧斗菜

苧环
Odamaki

苧环草
Odamakigusa

丝操草
Itokuriso

吊钟
Tsurushigane

原产于北半球温带，毛茛科多年生草本植物，拉丁文学名为 Aquilegia buergeriana。属名 Aquilegia 取自拉丁语的"Aquila"（鹰）或者"Aquilegus"（水壶、水瓶），形容其花瓣末端弯曲，形成弧形。日文名称"苧环"和别名"丝操草"也是因为它的花朵与织布时使用的苧环（一种线轴）相似而得名。英文名称"Columbine"来源于拉丁语"Columba"（鸽子）。有"不义""品行差"这样的花语，据说是因为在古希腊，人们相信妻子不忠的男人（即丈夫）头上会长角，而耧斗菜属的花瓣弯曲的形状便与男人长出的角相似。另外，它还有"胜利的誓言"和"不服输"的花语，据说是因为狮子会吃它的叶子，所以人们认为耧斗菜的叶子有力量，人们相信用两只手摩擦枝叶就会得到勇气。

日本厚朴

朴木
Hoonoki

厚朴　朴柏　柏
朴　柏　Kashiwa
Hohogashiwa　Hohogashiwa

　　分布在中国、日本，木兰科落叶乔木，拉丁学名为 Magnolia obovata。属名 Magnolia 来源于植物学家马尼奥尔的名字。在长约 20~40cm 的大型叶子之间，开出大大的花朵，花朵直径约 20cm。日文名称"朴木"的语源不明，在万叶时代被称为"朴柏"，意为"用来盛食物的大叶子"。这种植物的叶片有香味，曾被用来包裹米饭等。飞驒高山地区的朴叶味增用的就是这种叶子。另外，朴木作为木材还被广泛用作建筑材料。其晒干的树皮是一种叫作厚朴的生药，为了和中国产的进行区分，也被称为日本厚朴。作为药物，厚朴很少单独使用，多与其他生药混合使用，对治疗咳嗽、痰、胃炎、浮肿有效果。

の菜園に漢種の物あり和産と異るを有るこらち

杜
仲

杜
仲
Tochu

　　原产于中国，杜仲科落叶乔木，拉丁文学名为 Eucommia ulmoides。属名 Eucommia 来源于希腊语的"Eu"（好）和"Komi"（橡胶），因其树脂为橡胶状。杜仲是世界上罕见的单科单属单种植物。日文名称直接使用中文名称杜仲。传说在古代中国，有个叫杜仲的人把这种树的树皮煎水喝了后突然悟道成仙，由此得名。在中国，早在 5000 多年前杜仲就开始作为中药使用，但是因为一棵树只能采得一点点，所以十分贵重，也被称为"幻之药木""仙木"。它的生药名也叫杜仲，是具有滋补、镇痛功效的中药，用来治疗神经痛、肌肉痛、关节痛，还可以治疗高血压、预防流产、改善尿频。此外，用杜仲的树叶煎煮而成的杜仲茶，那可是众人皆知的保健茶。

夏

高山杜鹃

石楠花
Shakunage

石南　　石南花
Shakunage / shakunan　Shakunage

　　原产于以喜马拉雅地区为中心的北半球，杜鹃花科常绿灌木。属名 Rhododendron 是希腊语 "Rhodon"（玫瑰）和 "Dendron"（木）的合成词。有一种说法，日文名称 "石楠花"是由当时一种中文名称叫作 "石楠花" [1] 的植物转音而来，是误读。因花朵美丽华贵，被称为 "花木之王"。因为原本生长在高山上，所以在其他气候条件的地方很难栽培，是很罕见的植物。这也是被称为 "王"的原因之一。19 世纪下半叶，英美的植物猎人把它从喜马拉雅山和中国带回，在欧洲进行了大量的品种改良。进入明治时期后，日本引进了外国产的原种和杂交品种，日本的留学生或者政府相关人士从欧美带回日本开始种植。其花语有 "尊严""威严""庄严"。

1　现在所说的中文学名石楠花是蔷薇科石楠属植物，拉丁学名为 Photinia serratifolia (Desf.) Kalkman。

石南 しやくなげ
しやくなぎ
しやくなん

深山幽谷小喬木 樹の高さ六七尺至る
葉四時より小周また形状枇杷の葉か
似てふく面深緑色背り褐色の柔毛
あり初夏楕小枝を生し数花を蔟生に
一花の形躑躅小似て大す五辨或六七
辨を千沢開くとき淡紅色とあり

鸡冠花

鸡头
Keito

鸡冠
Keito

鸡头花
keitoge

韩蓝
Karaai

原产于印度，苋科一年生草本植物，拉丁文学名为 Celosia cristata，属名 Celosia 源自希腊语 "Keleos"（燃烧）。其火红的花朵就像在燃烧一样，因此得名。所有的名称都把此花比喻成鸡冠，在日本被称为"鸡头"，在中国被称为"鸡冠花"，英文名称为"Cockscomb"（鸡冠）。鸡冠花古代经中国传入日本。据说《万叶集》中出现的"韩蓝之花"就是指此花，自古以来就深受人们的喜爱。主要作为观赏植物被栽培，据说在江户时代人们把鸡冠花的嫩叶浸泡后食用。在中医里此花被称为鸡冠花，种子被称为鸡冠子，用于止泻或者止血，尤其是子宫出血。也许是因为其花姿和雄鸡的红色鸡冠相似，所以有"时尚""装模作样"这样的花语，此外还有"永不褪色的爱情""博爱""奇妙"等花语。

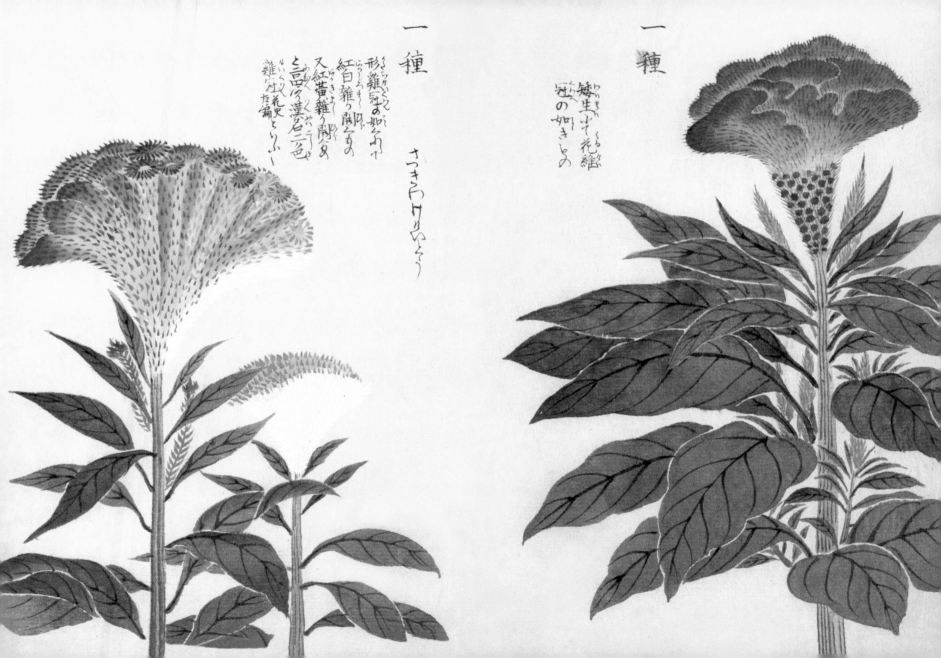

木芙蓉

芙蓉
Fuyo

醉芙蓉
Suifuyo

木芙蓉
Mokufuyo

木莲
Kihachisu

　　原产于中国、日本，锦葵科的落叶灌木，拉丁文学名为 Hibiscus mutabilis。属名 Hibiscus 在古希腊语、拉丁语里指代大型木槿属植物。种加词 Mutabilis 是"善变"的意思。据说日文名称是由中文名称"木芙蓉"音译并简化而来。其花期只有一天，晨开夕谢，花色是白色或者粉色。顺便说一下，有一种早晨白色、中午粉色、傍晚红色的变色品种写作"醉芙蓉"，但是在中国写作"水芙蓉"，指的是莲花。松尾芭蕉有一首吟诵芙蓉的作品："枝头一日尽，原是芙蓉花。"芙蓉也被用来形容美丽的人或事物，美人被称为"芙蓉之颜"，美丽的富士山被称为"芙蓉峰"。其花语也是表现美丽的含义，如"纤细之美""娴静的恋人"。

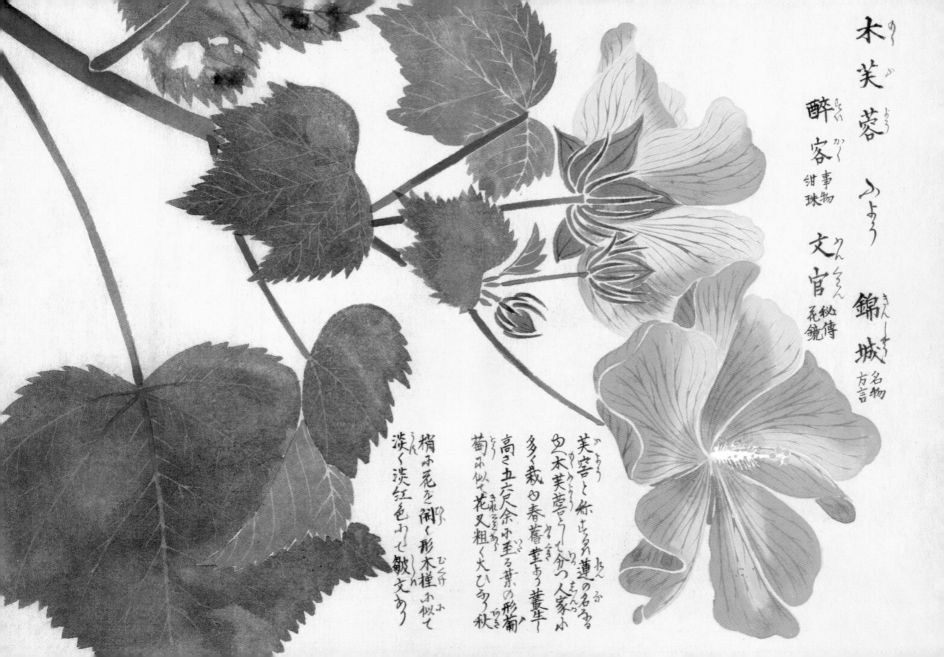

木芙蓉 ふよう 錦城 名物方言

酔容 紺珠事物 文官 秘傳花鏡

芙蓉と称す出る気蓮の名なる
也木芙蓉と云て分つ人家に
多く栽ゆ春蒼茎あり叢生
高さ五六尺余に至る葉の形葡
萄に似て花又粗く大ひなり秋

梢に花を開く形木槿に似て
淡く淡紅色にして皺文あり

虎耳草

雪之下
Yukinoshita

虎耳草　岩蕗
Kojiso　Iwabuki

原产于中国、日本，虎耳草科常绿多年生草本植物，拉丁文学名为 Saxifraga stolonifera。属名 Saxifraga 是拉丁语"Saxum"（小石头）和"Frangere"（粉碎）的合成词。群生在湿气重的石板裂缝等处。日文名称"雪之下"是因为能在像雪一样的白色花朵下看到叶子；或者因为在皑皑白雪之下也生长着青翠的叶子而得名。还有一种说法，据说与白色舌状的花瓣有关，最早写作"雪之舌"。中文名称写作虎耳草，这是因为原种的叶子是圆的，长着粗毛，其形状像老虎的耳朵而得名。自古以来就被用作民间药，将叶子榨汁，用来治疗儿童抽搐或者外耳炎。另外，将生叶用火烤热揉软后，可用于治疗轻微烧伤和冻伤。其花语有"好感""情爱""踏实的爱情"。

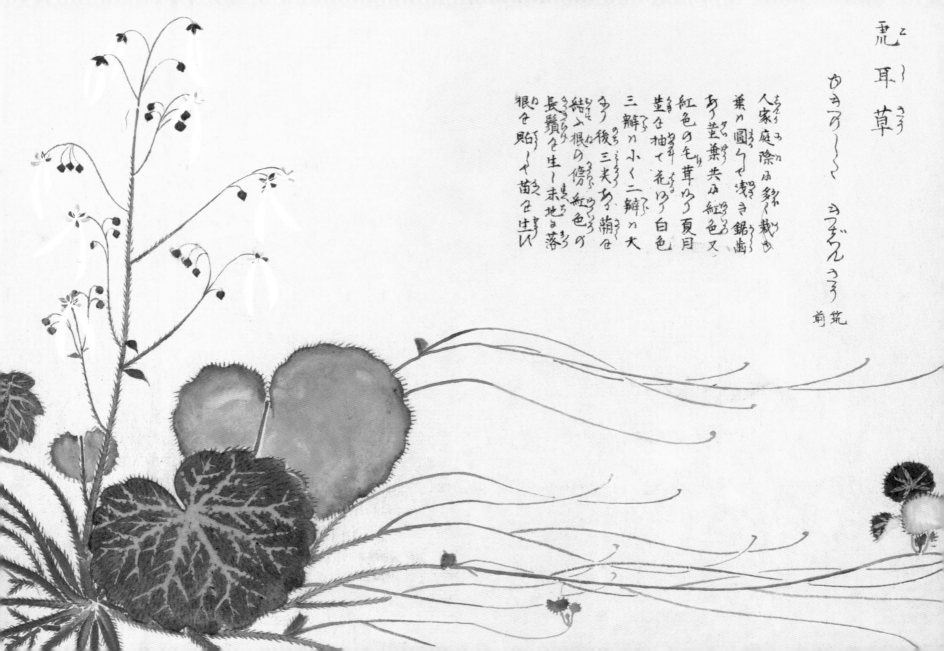

虎耳草
乙

ゆきのした
みみだれ草
前筑

人家庭除に多く栽ゑ
葉ハ圓くて浅き鋸齒
あり莖葉共ハ紅色又
紅色の毛葺ハつて夏月
莖ハ抽て花ひらく白色
三瓣ハ小く二瓣ハ大
なり後ハ三尖ある蒴を
結ひ根の傍に紅色の
長鬚を生し末地に落
根を貼して苗々生す

杂种铁线莲

铁线
Tessen

铁线花
Tessenka

风车
Kazaguruma

铁脚
Tekkyaku

原产于中国，毛茛科多年生草本植物，拉丁文学名为 Clematis hybrida。属名 Clematis 的意思是"变成藤蔓"，来源于希腊语"Klema"（藤蔓）。现在一般被称为"铁线"，是铁线莲属，广义上铁线莲的日文名称一般叫"铁线"。铁线这个名称是因为它的藤蔓像铁一样结实。"风车"这个名称是因为它的花瓣和藤蔓长得很像玩具风车。这种植物是在室町时代从中国传入日本的。1829 年，西博尔德[1] 将其从日本带回欧洲，参加了花展，以此为契机在英国进行了品种改良，才诞生了今天无数的园艺品种。在英国，人们因其花姿深受游客喜爱，而被称为"Travelers' joy"，同时也是它的花语，意为"游子的喜悦"。

---

1 菲利普·弗朗兹·冯·西博尔德（Philipp Franz von Siebold，1796—1866），德国内科医生，植物学家，旅行家，日本器物收藏家。

鐵脚威靈仙

てつ きやく
いれうせん
ゆきおこし
かぐ
くるま

木天蓼

葛枣猕猴桃

木天蓼
Matatabi

木天蓼
Mokutenryo

和多多比
Watatabi

分布于日本、朝鲜半岛，猕猴桃科落叶攀援藤木，拉丁文学名为 Actinidia polygama。它的花朵是白色的，通常有 5 瓣花瓣，带着芳香，果实呈长椭圆形，大小约 3cm。日文名称"木天蓼"据说来源于阿伊努语，可能是由其虫瘿[1]产生的联想。古名叫"和多多比"，在《本草和名》中有相关的描述。正如"给猫吃木天蓼"这句俗语，源自猫咪很喜欢吃木天蓼的果实，但是吃完以后身体会麻痹，像醉了一样。生药名叫作木天蓼，将果实浸泡在热水里，晒干之后可以用于改善畏寒、治疗神经痛和浮肿。另外，果实也可用来制果酒。

---

1 虫瘿，植物组织遭受昆虫等生物取食或产卵刺激后，产生的畸形瘤状物或突起。

芍药

芍药
Shakuyaku

癪药
Shakuyaku

衣比须久利
Ebisugusuri

貌佳草
Kaoyogusa

原产于中国北部和西伯利亚地区，芍药科宿根草本植物，拉丁文学名为 Paeonia lactiflora。属名 Paeonia 来源于希腊神话里神医佩恩的名字。奈良时代作为药用植物传入日本。日文名称"芍药"是古汉语"癪药"的读音，癪药意为"止痛药"。古名"衣比须久利"意为"来自异国的药草"，可见其一直以来是被用作药用植物。另外，在古希腊，芍药被认为是可以保护人们免受邪灵侵害的植物，据说如果采摘则会招致诅咒。在中医中，芍药根用来煎煮，可镇痛和缓解妇科病。因为花姿美丽，后来渐渐被用来观赏，日语里有形容美女的谚语"站如芍药，坐如牡丹"。因为天一黑，芍药的花朵就收拢起来，因此花语是"害羞""忸怩"。

芍薬
ろうやく

ゑびすぐき
式 延喜

元漢種うり今花色甚
多く紅白深紅等或れ花
辧り多小一ろく八漢土ふて
秘傳花鏡み八十八種記
載
以其外諸書み見えろう

一種
べ名がく
八重
がく

てうでまの
紫繡毬
甲州
秋冨　会割
形状ハあちやま似て花
千辨重臺ニさ紅色多り

一種　がく　壽錦
陽春
縣志

胡蝶　廣東
新語

蛺蝶花
同上

玉繡毬
花屑百詠

麻藥粉團
通生八戰

碧繡毬
常熟縣志ニ花小條叢
簇如毬色白帶淺碧ト云

山中陰地ニ生ハ葉ハ錦
帶花ハ毬ニ化ねて對生ハ花
いろあちやヲに化て中辛
花碧色周り花ハ白色ヘ
日色經て稍紅紫色を帶

绣球

紫阳花
Ajisai

额紫阳花
Gakuajisai

七变
Nanabana

原产于日本，虎耳草科落叶灌木，拉丁文学名为 Hydrangea macrophylla。属名 Hydrangea 来自希腊语"Hudor"（水）和"Aggeion"（壶）。关于绣球花日文名称的出处有很多种说法。有一种说法认为其日语名称源于"集真蓝"，意思是蓝色的花簇。虽然汉字多写作紫阳花，但据说这是误将唐代诗人白居易的诗里提到的中国紫阳花当作日本的绣球花，并一直误用到今天。到了 18 世纪末，日本的绣球花传入欧洲，之后在欧洲被改良，各种各样的品种再重新引入日本。因为其花色会改变，紫阳花被比喻成易变的女人心，花语有"见异思迁""花心"。

蕺菜

蕺
Dokudami

蕺草
Dokudame

蕺
Shibuki

之布岐
Shibuki

蕺药
Jyuyaku

分布在中国及日本本州以南地区，虎耳草科多年生草本植物，拉丁文学名为 Houttuynia cordata。日文名称"蕺"据说是取自其药效，从日语"止毒"和"矫毒"转音而来。关于古名"之布岐"，有一种说法是取自古日语"涩"，表示停滞的意思。再加上因为群生在潮湿的地方，蓄积了毒气（恶臭），所以被叫作"毒涩"，后来这个名称被简化。因为臭味独特，所以各地对它都有单独的叫法，比如在冈山称其为"犬之尾"，在山形叫作"蛇草"。另外，因为它生长在潮湿的地方，所以在千叶还有"青蛙泡泡"等叫法。它可以治疗多种疾病，比如疖子、脚癣、痱子、痔疮、慢性鼻炎、高血压、动脉硬化等，所以生药名叫作十药，自古以来就在民间被广泛应用。其花语是"白色的回忆"。

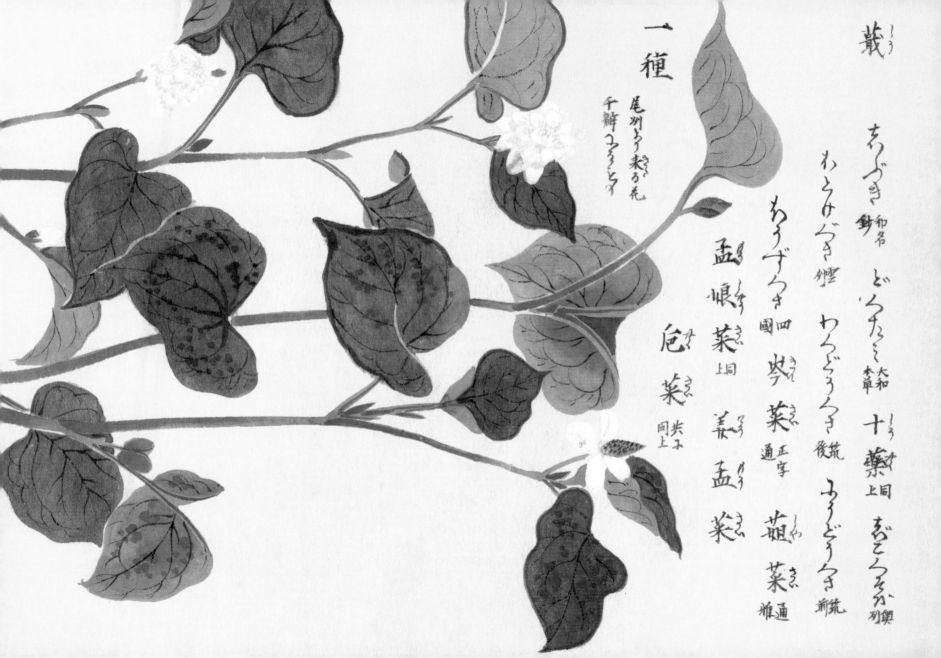

蕺 一種

尾州ヨリ來ル花
千辧フタヘトイフ

蕺 _{シフ} 和名
あつつき 釼

どくだみ 大和 本草
十藥 同上

わさびぐさ 鼆
ちふつき 四國
わうすき 曇菜 正字 通

孟娘菜 上同
厄菜 共子同上
盂菜

わさどうくき 後筑
わさどうくき 前筑
ちぶくさか 別與

盌菜 通
姜盌菜 雅通

蓟

蓟
Azami

阿佐美
Azami

蓟草
Azamigusa

刺草
Shiso

广泛分布于北半球，菊科多年生草本植物，属名为 Cirsium。蓟属是蓟、野原蓟等菊科蓟属的总称。管状花朵，叶和苞上有尖锐的刺。"蓟"这个名字自古以来就被使用，在《本草和名》中写作阿佐美。关于"蓟"的语源有很多种说法，有说是人被其尖锐的刺扎疼了，受到惊吓，所以用了"惊愕"之意的古语。还有说法是因为紫色和白色的花朵相间（交），由此得名。生药名叫作蓟，有利尿、消除浮肿、治疗神经痛、健胃、止血等功效。蓟花还是苏格兰的国花。传说因为 13 世纪丹麦军队夜袭苏格兰，是遍地开花且长满刺的蓟保护了国土免受侵犯。因为这个苏格兰的小故事，所以花语有"报复""复仇"的意思。此外，还有"独立""严格"的意思。

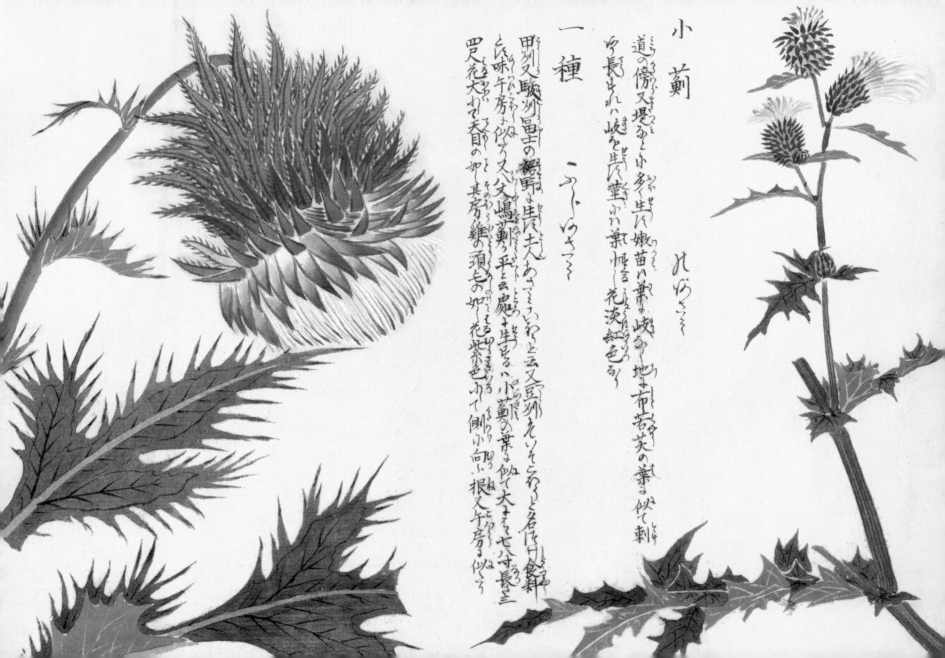

小薊

れんけいさう

道の傍又堤をと小き多く生に嫩苗は葉を峡りて地を布て若芙の葉を似て刺
つて長きれは峡を生に莖より葉峡言く花淡紅色あり

一種

ふぢあさみ

甲州又駿州冨士の裾野より生に土人あさみといわくと云又豆州より多し名づけて食料
とし味午房より似たり又父嶋の薊を平と云麁く生するは小薊の葉を似て大さそと七八寸長さ三
罚花大かりて天目の如く其房雞の頭毛の如し花紫あ色にて側小き向ふ根又午房を似たり

美丽百合

鹿子百合
Kanokoyuri

土用百合
Doyoyuri

岩百合
Iwayuri

泷百合
Takiyuri

　　原产于日本，百合科多年生草本植物，拉丁文学名为 Lilium speciosum。属名 Lilium 是拉丁语古名，意为"白色"。种加词 Speciosum 是"华丽"的意思。这种植物主要生长在九州和四国的山地里，这是日本特有的，也是世界闻名的品种，并由此衍生出了众多园艺品种。特征是花朵向下或朝着斜下方开放，花瓣后卷。花被片上有深红色的斑点和红色的小突起，就像鹿身上的斑点，所以被命名为"鹿子百合"。另外，也被称为"土用百合""岩百合""泷百合"。现在百合的品种超过 100 种，据说是从江户时代中期开始进行栽培、品种改良。刚开始栽培的时候，观赏用得少，更多是用来食用和用作药草。现在野生的百合非常稀少,被认为是濒危物种。其花语是"庄严""高雅"。

一種

かのさより

とらふゆり

羽刕
米澤

形狀くろゆり
めうるに似て喰
花淡紅色西
く紫黒點〻
ありて𧄍蘭頌
說處り物之

黄芩

黄金柳
Koganeyanagi

黄金花
Koganebana

黄芩
Ogon

　　遍布中国、蒙古、朝鲜半岛及东西伯利亚地区，唇形科多年生草本植物，拉丁文学名为 Scutellaria baicalensis。在日本一般作为药用和观赏植物进行栽培。植株高度为 30~60cm，茎多分支，上部直立。花期是 6~9 月，茎尖上长出花穗，开紫色的唇形花。日文名称叫"黄金柳""黄金花"。日文名称中的"黄金"二字不是因为花的颜色，而是因为黄芩的根是黄色的。黄芩的古名有很多，比如，"柊""黄笒""比比良岐""波比之波"等。把根烘干后制成的生药称为黄芩。春秋两季可以采根。用来制作中药的时候，要把根洗净晾至半干，除去外皮再晒干，完全干燥后再使用。通常与其他中药配合，对解热、缓解发烧时的头痛、腹痛、胃炎、肠炎等有疗效。

黄芩 こがね やくゎぎ

一種
・白花の物

此もの子どもせん
種朝鮮より渡り
来たりて多く作る
敷八千屈莱いろ
小松に揃い劉
せて高さ二三
天花に来合ふ
後偏き骨架
どとひき細田
の如く紫碧色
黒子あり一種
白花のりめある
根太るりの二
尺許皮黄褐
色肉黄色味
苦し

合欢

合欢木
Nemunoki

合欢
Nebu

合欢
Kokan

眠之木
Neburinoki

分布于中国、日本（除北海道外）及朝鲜半岛，豆科落叶乔木，拉丁文学名为 Albizia julibrissin。傍晚开花，淡红色的花朵挂在枝头。据说日文名称"眠之木"是因其在晚上看起来就像在睡觉一样而得名。到了晚上，两片叶子紧紧地合在一起，变成闭合状态（植物的睡眠运动），据说也是这个名称的由来。古名叫"合欢"，《万叶集》中还流传着这样一首和歌："白天开花 / 晚上睡觉 / 合欢树上的花 / 只看你 / 或者是玩笑话。"另外，中文名称"合欢"也是表示男女之事的词语。干燥的树皮叫作合欢皮，这种生药可以强壮身体，也可以用于缓解腰痛、利尿、治疗浮肿等症状。其花语有"梦想""欢喜""创造力"。

合歓
ねむ
ごう
かん

朱槿

佛桑花

Bussoge

扶桑花

ハイビスカス

Bussoge

Haibisukasu

原产于中国、印度，常绿灌木科，拉丁文学名为 Hibiscus rosa-sinensis。属名 Hibiscus（木槿）是人们给天竺葵属的大型花卉所起的古希腊语和拉丁名。种加词 Sinensis 是"中国蔷薇"的意思。花朵有红色、深红色、黄色、白色等。从 16 世纪中国已有关于朱槿的记载，以及印度也有朱槿的古名，可以看出此花自古就有栽培。江户时代经琉球传入日本。当时，因为是非常罕见的花，所以有记录说岛津藩向德川家康也进贡过此花。日文名称"扶桑花"是中文别称"扶桑"加上"花"后的读音得来的。由于其花朵像芙蓉，叶子像桑叶，因此叫作"扶桑""扶桑花"。此花在夏威夷进行了大量的品种改良，成了夏威夷的州花。其花语有"纤细的美""艳美""新的恋情"等。

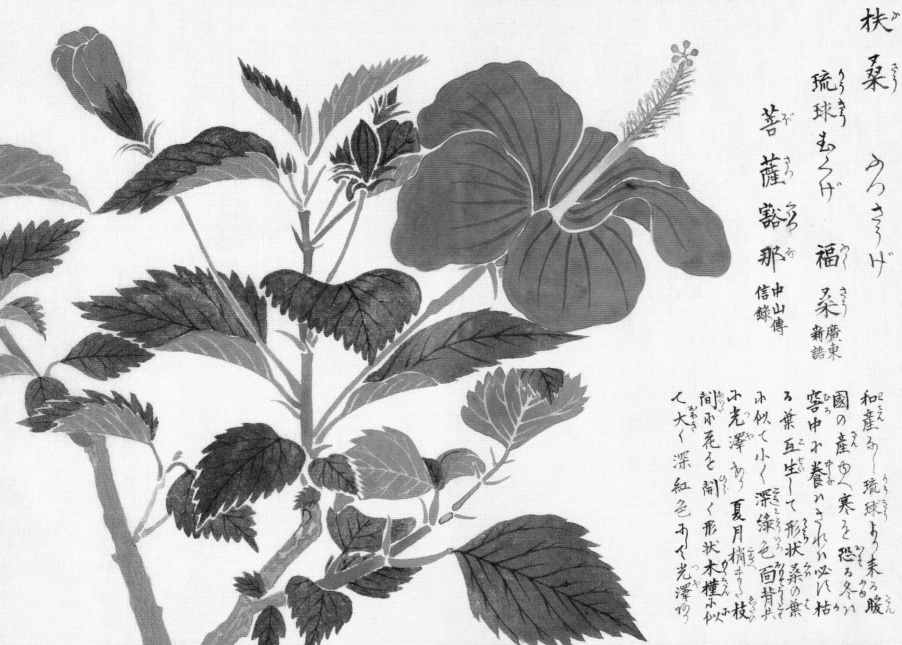

扶桑（ふさう）

琉球むらげ

菩薩翕那（ぼさつがな）
中山傳信録

福桑 廣東新語

和産の琉球より来る暖國の産ゆへ寒を恐る冬は窖中に養ひ枯れ必ス枯る葉互生して形状桑の葉に似て小さく深緑色面背共小光澤あり夏月梢より間に花を開く形状木槿小似て大く深紅色あり光澤ありて

睡莲

睡莲
Suiren

未草
Hitsujigusa

广泛分布于全世界温带、热带地区，睡莲科多年生水生草本植物。属名 Nymphaea 是以希腊神话里的水精灵宁芙（Nympha）的名字来命名的。据说因为到了傍晚，其花朵像睡着了一样，会缓缓合上，同时还长得很像莲花，所以取名"睡莲"。别名"未草"是因为午后 2 点左右（未时）开花而得名。睡莲是埃及的国花，它的历史悠久，可以说是世界上最早的国花。在古埃及，睡莲随日出而开，日落而闭，由于这个习性，再加上呈放射状的花朵，被人们视为太阳的象征而受到崇拜。另外，古希腊人相信它有降低性欲的作用，中世纪的尼姑和僧侣用其粉末和蜂蜜制成含片和糊剂，以保持贞节。其花语有"心之纯洁""清纯""信仰"。

睡蓮（すいれん）

ひつじぐさ

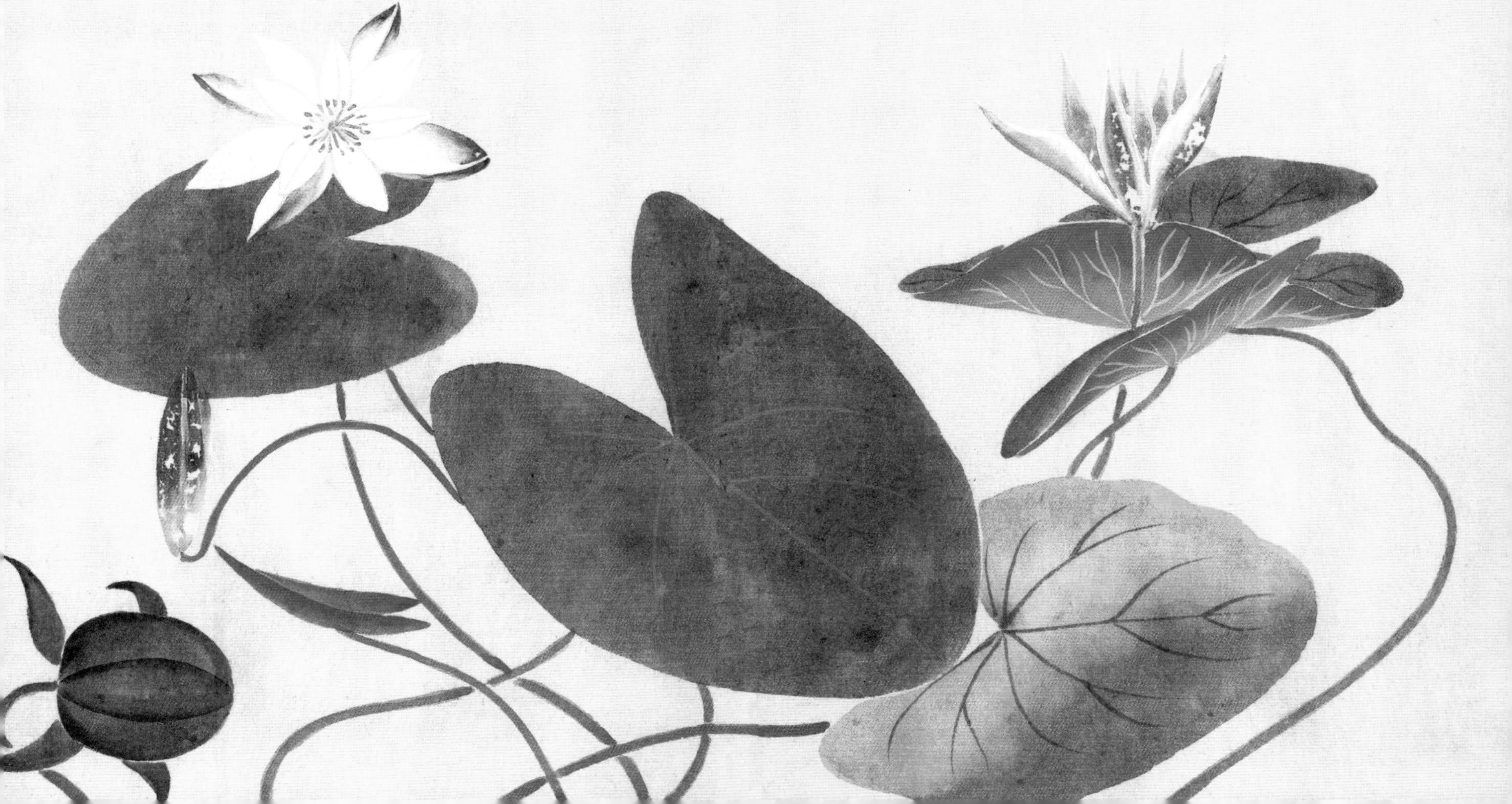

栀子

栀子
Kuchinashi

口无
Kuchinashi

山栀子
Sanshishi

原产于中国、日本南部，茜草科常绿灌木，拉丁文学名为 Gardenia jasminoides。属名 Gardenia 来源于最先记录了这种花的美国植物学家加登的名字。于初夏散发出甘甜香味，和秋天的丹桂、冬天的姜汁并列为三大香木。在中国和日本，自古以来此花和果实就被人们食用、入药，还用来制作布料和食物的染料。在欧洲常用来制作捧花、胸花。日文名称"口无"的由来有很多种说法，一种说法是因为其果实成熟了也不会开裂，也就是说不开口，所以叫"口无"。另一种说法是因为花萼的形状像"有口的果实"。在中医里，栀子干燥的果实叫作山栀子，用于止血、消炎、解热等。因为其果实成熟了也不开裂，所以有"沉默""纯洁""高雅""传达喜悦"等花语。

金樱子

难波蔷薇
Naniwaibara

金樱子
Kinoshi

原产于中国南部，蔷薇科攀援常绿灌木，拉丁文学名为 Rosa laevigata。属名 Rosa 是拉丁古名，意为"玫瑰"。种加词 Laevigata 意为"无毛的"。花朵为白色，直径约 6cm，芳香四溢。其特征是茎和果实上有很多细小的刺，花瓣和花萼各有 5 片。这种植物于江户时代作为药用植物传入日本。现在作为观赏植物被栽培，四国和九州也有野生的。日文名称"难波蔷薇"据说是因为此花是由大阪花匠推广开来的，所以被称为"浪速"[1]，也称为"金樱子"，与中文名称相同。在中医中，其根皮叫作金樱根，叶叫作金樱叶，花被称为金樱花，果实被称为金樱子。金樱花有止泻功效，金樱根可治疗子宫下垂、月经不调，金樱子可治疗尿频、腹泻等。另外，金樱子也有抗菌作用。

1　大阪的旧称有"难波""浪花"，读音为"naniwaibara"。

金櫻子
えんゑ[し]

刺𦉤
たから
雅通

糖罐
とうくわん
上同

雞佗子
けた[し]
諸症
辨嶷

玉簪

玉簪
Tamanokanzashi

玉簪花
Giboshi

擬宝珠
Giboshi

　　原产于东亚，百合科多年生草本植物，拉丁文学名为 Hosta plantaginea。属名 Hosta 来源于奥地利医生、植物学家霍斯特的名字。其特点是开有淡紫色或白色的花朵，气味香甜。在日本，从江户时代开始就被作为观赏植物进行栽培。"玉簪"是中文名称玉簪的日语训读读音。关于名称的来历，源于人们将此花当作簪子装饰在头发上，所以叫玉簪。另外，传说中天女向吹笛子的男子投掷簪子作为演奏的谢礼，簪子掉落在地上，从那里开出花来，就变成了玉簪花。"擬宝珠"的名称，是因为其花蕾的形状与擬宝珠（桥的栏杆、柱子等位置上，类似洋葱形状的装饰）相似。玉簪是百合科玉簪属的总称，其中也有可以食用的品种。据说，玉簪是在 1712 年左右传到欧洲的。其花语是"冷静""献身""不变的想法"等。

一種

たまのかんざし

劇大ニ
シテ薄ク淡緑色
花長大ニシテ純白色ナリ
彫ノ開き卵ノ蕚ム

兔儿伞

破伞
Yaburegasa

破儿伞
Yaburesugegasa

狐唐伞
Kitsunenokarakasa

菟儿伞
Tojisan

分布于日本、朝鲜半岛，菊科多年生草本植物，拉丁文学名为 Syneilesis Palmata。生长在海拔较低的山林里，常见于半阴、潮湿的地方。由于其叶片边缘有锯齿，看起来像破了的伞，所以被命名为"破伞"。其嫩芽则像是伞收拢起来，在生长过程中慢慢打开，越来越像一把破旧的日式和伞。别名中也有很多与伞相关的，比如"破儿伞""狐唐伞"等。这些大多是江户时代的别名，现在一般统称"破伞"。中文名称是"兔儿伞"，意思是幼兔的伞，取这个名是将其比喻为小兔子撑着伞的样子。到了夏天，变长了的茎尖上会开出白色的花。但是比起观赏花，破伞发芽时叶子的姿态更为有趣，因此现在常被用于庭院种植或盆栽。嫩芽也可以作为野菜食用。

鬼兒傘 救荒 本草 やぶれがさ

一種 野川日光山の産

悪く山中に小ありし葉六薇御んイシヤウか
似て花ハミどめの如し

草
棉

绵
Wata

棉　　草　　木
Wata　　绵　　绵
　　　Kusawata　Momen

　　原产于亚洲及美洲的热带地区，锦葵科一年生草本植物，属名为 Gossypium。在开出或黄或白的美丽花朵后，会结出果实，果实成熟后裂开，从中长出被白色棉毛包裹的种子。日文名称叫作"草绵"，或者是"棉""木绵"。中文名称叫"草棉"。在印度和南美自古以来就被人们栽培，公元前 2500 年左右的遗迹中就出土了棉布。日本在延历 18 年时，昆仑[1] 人漂流到三河国[2]，把种子带到了日本，但是未能成功种植。15 世纪中叶，这种植物再度传入日本，以三河国为中心开始栽培。在三河国，人们热心栽种，棉织物盛行，"三河木绵"由此一直延续到现代。《本草纲目》也称赞了棉的利用价值。它作为一种替代丝绸和麻的衣料而被重视。棉花用于纺织，种子用于提炼食用油，其花语是"伟大""优秀""纤细"等。

1　昆仑，在中国古代昆仑泛指南洋地区。
2　三河国，日本古代令制国之一，属东海道，俗称三州。

草綿

凌霄花

凌霄花
Nozenkazura

凌霄花
Ryoshoka

紫葳
Shii

陵苕
Nosho

　　原产于中国，紫葳科攀援藤本落叶树，拉丁文学名为 Campsis grandiflora。因其雄蕊的形状，属名 Campsis 源自希腊语的 "Kempe"（弯曲）。种加词 Grandiflora 是 "大花" 的意思。凌霄花是从中国传入日本的，有着悠久的历史，《本草和名》（918 年）中记载了 "乃宇世宇" "未加也岐" 等古名。中文名称为 "紫葳" "凌苕" "凌霄花"。日文名称 "陵苕" 因误读而变为 "凌霄"。人们喜爱它朝着天空努力绽放的样子，取名 "凌霄花"。其花朵像喇叭，因此英文名称叫作 "Trumpet creeper"[1]。因为这个英文名称，加上喇叭可以用来大声宣传的特性，所以其花语是 "名声" "名誉" "荣耀" 等。

1　Trumpet 意为小号、喇叭，creeper 意为匍匐植物。

紫葳
のうぜんかづら

枇ひ
杷ハ

枇杷

枇杷
Biwa

枇杷木
Biwanoki

比波
Hiwa

味波
Miha

　　原产于中国，蔷薇科常绿乔木，拉丁文学名为 Eriobotrya Japonica。属名 Eriobotrya 是希腊语 "Erion"（软毛）和 "Botrys"（葡萄）的合成词。果实表面覆盖着白色软毛，呈长圆形。初冬时节开出白色的小花，第二年夏天结出黄色的果实。据说，这种植物是在奈良时代到平安时代期间从中国传入日本的。关于日文名称 "枇杷" 的来历，据说是因为其叶子的形状长得很像乐器琵琶，另一种说法是用此树做成的琵琶音质非常好，因此得名。另外，也有说法认为这是将中文名称 "枇杷" 直接音译而来的。枇杷的果实可食用，这一点广为人知。在中医里，经过干燥处理的枇杷叶可用于祛痰、止咳、止泻。另外，将枇杷叶放到浴池里泡澡的话，对治疗痱子和湿疹也有效果。枇杷的花语有 "治愈" "内向"。

一種

らんまんぞう
ぶくべ

とうふくべ
江戸

番南瓜
群芳譜

苗葉形状前條と同く實の形壺の如く下濶く上狹く
又圓く扁きものありきつさきと小堅く四凸の後
皮色始め綠熟して黃色肉鬆くして味ひ甘く濃
あり此類小あこぶうらとも云あり形状同やゝ小もあり
美あり

南瓜

南瓜
Kabocha

南京胡瓜
Nankinbobura

唐茄子
Tonasu

　　原产于美洲热带地区，葫芦科一年生草本植物，属名为
Cucurbita。南瓜有数个品种，比如日本南瓜、西洋南瓜、西葫芦
等。开黄色的花。16 世纪，有一艘葡萄牙船只停泊到日本丰后国[1]
地区的港口，南瓜种子由此来到了日本。当时人们盛传这是柬埔寨
（kanbojia）产的蔬菜，因此日文名称"南瓜"的读音由"kanbojia"
演变而来。南瓜的果实营养丰富，对治疗感冒、贫血、癌症、高血
压、心肌梗死、眼睛疲劳有疗效。这种食物口感甜腻温和，从江户时
代就深受女性喜爱，被称为"芝居""魔芋""芋头""南瓜"。现在
也作为家庭料理中广泛使用的蔬菜而广为人知。其干燥的种子是一
种叫作南瓜仁的生药，花语有"包容""庞大""广大""广阔"等。

1　丰后国，日本古代令制国之一，属西海道。

絲瓜　へちま　いとうり　ふくろうり　別薩

紡線繰瓜　名通　天羅絮　譜芳

春月種を下して生に蔓延て竹木を行ふ葉は胡瓜の
葉に似て五七尖あり花は小壺に似てゆく黄色一
莖に攅簇れ美は壺蘆に似て長さ二尺餘皮の中肉を
く綿あり熟ちれば乾て緑色似の小あり時塩に藏し食
ふ或は味噌を點し食に熟し又をとり履の底に入れ又物を洗ふ
八月の望の殘不根の上を一尺餘小切瓶の中に挾し置
は水出つ此をへちまの水と云此を附方に絲瓜と云
りふらふ癥に用て功あり

丝瓜

线瓜
Hechima

丝瓜
Itouri

长瓜
Nagauri

　　原产于亚洲热带地区，葫芦科一年生攀援藤本植物，拉丁文学名为 Luffa cylindrica。开黄色的花，垂吊着硕大的果实，令人印象深刻。中文名称叫作"丝瓜"，日文名称叫作"线瓜"。这种植物在江户时代初期传入日本，普通老百姓都争相栽种。未成熟的果实可食用，熟透的果实纤维可用来制作清洗用的炊帚。它的使用范围很广，从食用到生活用品，因此很快得到普及，栽培丝瓜也成了江户时代的一道独特风景。另外，从茎中提取的丝瓜水有美肤效果，被人们当作化妆水。它还有收敛、止血效果，对晒伤的皮肤也有很好的修复作用。生药名叫作丝瓜，有止咳化痰、利尿、消除浮肿等功效。其花语为"平凡"。

大蕉

甘蕉
Kansho

实芭蕉
Mibasho

芭蕉
Basho

芭娜娜
Banana

　　原产于东南亚，芭蕉科，拉丁文学名为 Musa paradisiaca。其下垂的淡黄色的大花穗一直从夏天开到秋天，然后长出 10~15cm 长的黄色果实。中文名称叫作"甘蕉""芭蕉"[1]。日文名称叫作"实芭蕉"，意思是"结果的芭蕉"。但是现在一般使用英文名称"Banana"的日文音译，叫作"芭娜娜"。芭蕉在日本以生吃为主，但在其他地区，尤其是热带地区，也有加热烹饪的吃法。芭蕉的糖分很高，且易于被人体吸收，因此可以作为即时性的能量来源，是很常见的一种食材。此外，芭蕉还有提高免疫力、预防高血压、消除浮肿、改善肠道环境等功效。

---

1 "甘蕉""芭蕉"为俗名，该植物学名为大蕉。

甘
蔗
やく

ミユサ鱧　バナヽ荷
蘭

元和産ちヽ暖國の産なり甘蔗ヽ荷蘭物切蛇小寫里
元和産ちヽ暖國の産なり甘蔗ヽ荷蘭物切蛇小寫里
而其形圖の如く水蕉小黒るらか水蕉小黒るらか足小
二富らり實の形手用の如く長くて來うらあ一助ら羊

但實を結小足小
二富らり實の形手用の如く長くて來うらあ一助ら羊

杏

杏
Anzu

杏子
Anzu

加良毛毛
Karamomo

唐桃
Karamomo

原产于中国北部，蔷薇科落叶小乔木，拉丁文学名为 Prunus armeniaca L.。虽然杏传入日本的年代尚不清楚，但据说可以追溯到很久以前。《万叶集》中有"加良毛毛"的记载，在日本现存最古老的本草书《本草和名》中，将"加良毛毛"与杏子相对应。据说进入江户时代以后，人们开始将其用唐音读法读作"anzu"。公元前 2 世纪至公元前 1 世纪左右，从中国传到了中亚，再途经希腊、意大利传到了欧洲。也有说法认为圣经里的"金苹果"其实就是黄色的杏。经过干燥处理后的种子叫作杏仁，可用来止咳。杏除了生吃，还可以制成果酱和果酒。因为杏先于樱花开放，且花姿羞涩，所以花语是"少女的腼腆"。

白杏 解集
あろあんず

形状同クにて
実大に熟して
黄色多く

沙杏 解集
しゃあんず

形状同クにて花千瓣菊花
の如く実を結々を貪え
蘭山の説小群芳譜の沙
糖にして汁多く即世
彼生処の水杏なりと
ッて杏梅ハ梅梗に似て
扁く紋粗く桃核ふ
比すれ圓クて扁く
仁ハ梅仁より大ひく
薬用多く一四國より
出ル處ハ杏仁ハ軟く
江戸ゟ来るむきらめ
とふ

杏 あんず

無花果
花無
果花

无花果

无花果
Ichijiku

无花果
Ichijyuku

唐柿
Togaki

南蛮柿
Nanbangaki

　　原产于西亚、阿拉伯南部地区，桑科落叶小乔木，拉丁文学名为 Ficus carica。属名 Ficus 是无花果的拉丁古名。无花果作为世界上最古老的栽培果树之一而闻名。17 世纪时，无花果传到了日本长崎。据说关于日文名称的来历，把意为无花果的波斯语"Anjir"用中文音译成"映日果"，然后传到日本就演变成了"无花果"。另外，还有一种说法是因为它一个月成熟一次或一天成熟一个，所以也被称为"一熟"。无花果的籽很多，在古埃及被认为是丰收的象征。据说亚当和夏娃吃的禁果其实就是无花果。果实可食用，既可生吃，也可以糖腌、制成果酱等。生药名叫作无花果、无花果叶，果实可治疗便秘，叶子可以治疗神经痛。其花语有"多产""有收获的恋爱"。

ながつる

日本续断

山芹菜
Nabena

续断
Zokudan

罗纱搔草
Rashakakigusa

チーゼル
Teasel

原产于欧洲、中国、日本及朝鲜半岛，川续断科多年生草本植物，拉丁文学名为 Dipsacus japonicus。属名 Dipsacus 来源于希腊语"Dipsao"（渴），因其叶子上盛满水而得名。草高约 1~2m，茎的前端多开淡红色的筒形小花。日文名称"山芹菜"的语源不明。江户时代末期的《本草纲目启蒙》中对应的汉字是"山芹菜"。因为使用了"菜"字，所以人们认为它曾被食用，但是因为没有料理相关的文献记载，所以详细情况不明。别名"罗纱搔草"是因为干燥的果穗可以用来给一种叫作罗纱的织物起毛，从而得名。日文名称"续断"意为"连接折断的骨头"。生药名叫作日本续断，对腰痛、肿胀疼痛有疗效。

瞿麦

抚子
Nadeshiko

河原抚子
Kawaranadeshiko

常夏
Tokonatsu

瞿麦
Kubaku

原产于中国、日本，石竹科多年生草本植物。属名 Dianthus 源自希腊语"Dios"（神）和"Anthos"（花），比喻花的美丽。在北美北部、非洲等地分布着约 300 种瞿麦。在日本生长着"河原抚子""信浓抚子""藤抚子""姬浜抚子"四种瞿麦。花朵呈淡红色，从夏天开到秋天。《万叶集》中虽然使用了"瞿麦""石竹""牛麦"等名称，但是没有"抚子"这种表达。据说是人们将此花比作爱子，所以叫作"抚子"。有一个赞美日本女性之美的词语叫"大和抚子"，据说这个称谓是为了区分中国原产的唐抚子和日本原产的抚子而产生的。在中医里，把煎过的瞿麦种子叫作瞿麦子，有利尿和消炎的作用。其花语有"纯洁的爱""贞节"等。

一種
大坂なでしこ

又伊勢なでしこともいふ花大にして絲長く紅白浅紅又浅紫色紅白雑り千葉等の数品あり此物実より生ずれば花色変をなし一定ならず時珍説ところの洛陽花なり又瞿麦と石竹と同物とするハ誤りなり通雅に弁じたり

一種　からなでしこ

石竹　通名
一名
大南竹　郡武齋志
海辺の砂地に宜し江戸本所にそ多く栽ゆ花色多し草花譜ニ紅麥の趣あり

一種　いきん
又たかなでしことも云

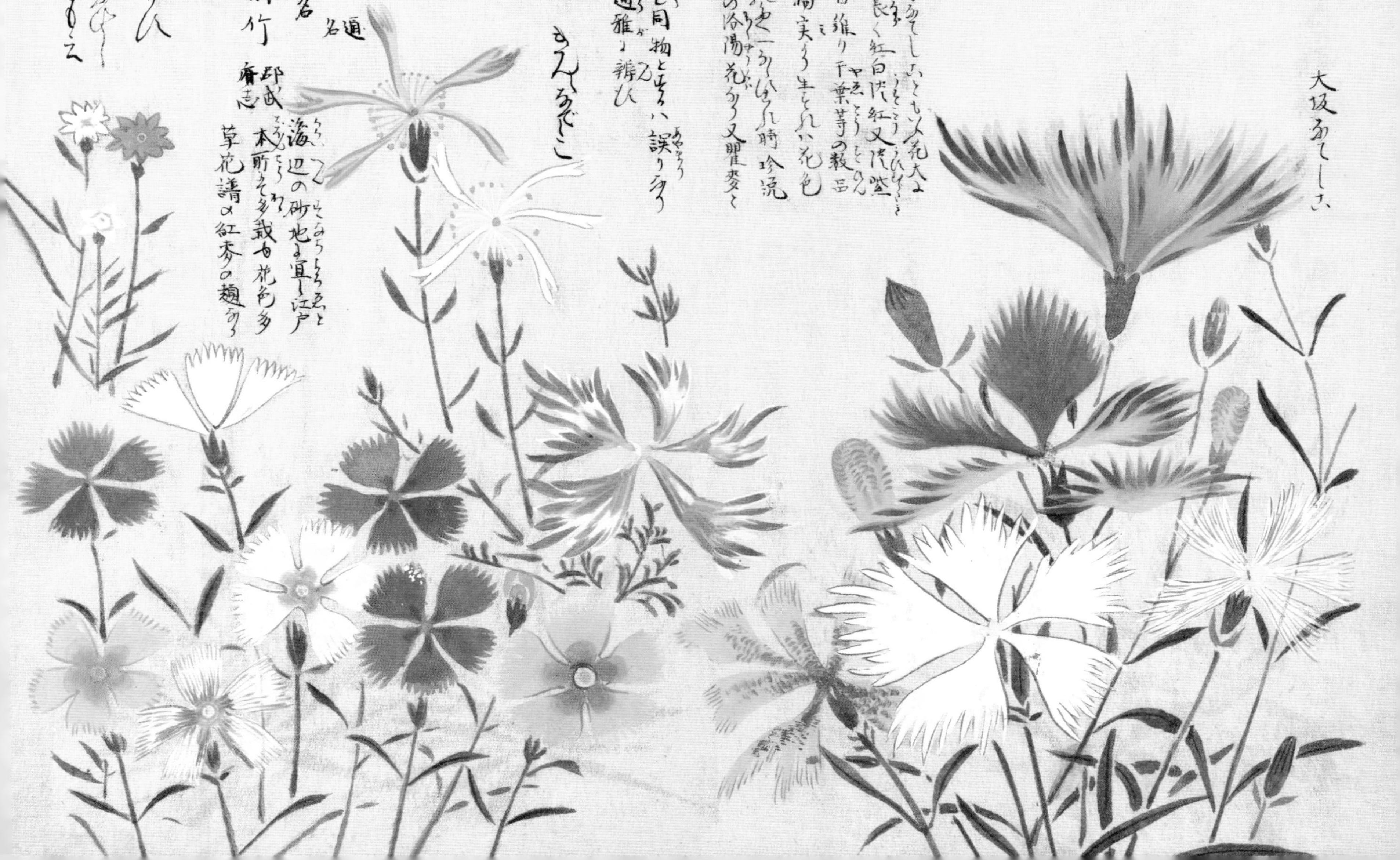

土木香

木香
Mokko

大车
Ooguruma

土木香
Domokko

　　原产于欧洲，主要分布在印度北部，菊科多年生草本植物，拉丁文学名为 Inula helenium L.。茎顶生出由暗紫色筒状小花组成的头状花序。日文名称叫作"大车"，因为花朵比"小车"大而得名。土木香在欧洲是一种广为人知的药草，用来发汗、利尿、化痰。另外，印度传统医学阿育吠陀还将其用作补药、兴奋剂、防腐剂。据说土木香在江户时代作为一种药用植物传入日本，作为"云木香"的替代品进行栽种，取名"大车"。根具有很强的芳香和药效是其特征之一。中医把经过干燥处理的根叫作木香。木香作为健胃药，被用于治疗呕吐、腹泻、腹痛、食欲不振等症状。因为《华盛顿公约》(《濒危野生动植物种国际贸易公约》) 的限制，现在主要在中国进行栽培。

木香 むまのすゞくさ 和称 アラシツ ウヲルトル 蘭

唐種の物山城丹後等にて作る今處々に多し葉ハ紫荊に似て長大淡緑色背ハ白色を帯ふ壺
高さ五六尺花黄色旋覆に似て大なり根小薊に似て枝多く肥大なり大なる圍り三四すに至り稍香
ひて辛味ハ少く苦味薄し舶来木香の如き功ハ薄れども藥頌の説ふ藥似羊蹄而長大
如菊花云々なり即是なり但氣味ハ土地に従てゝまを處ありん

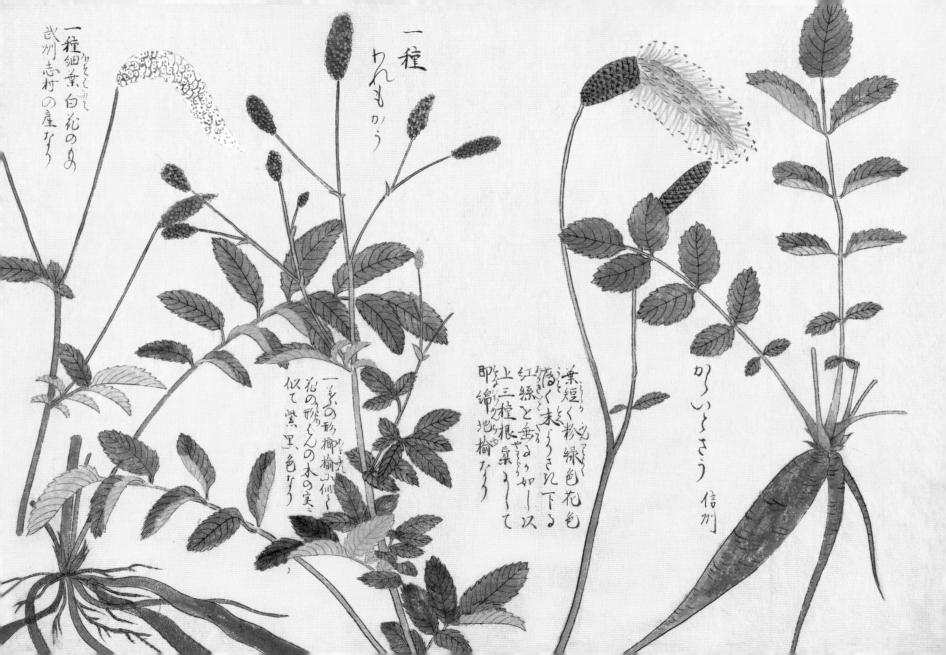

地榆

吾亦红
Waremoko

吾木香
Waremoko

地揄
Jiyu

　　分布在欧洲、中国、日本、朝鲜半岛及西伯利亚地区，蔷薇科多年生草本植物，拉丁文学名为 Sanguisorba officinalis。属名 Sanguisorba 在拉丁语中是"吸收血液"的意思，得名于它的根是一种止血用的民间药。种加词 Officinalis 是"有药效"的意思。特征是开暗红紫色的小花。因为茎、叶有香味，所以其日文名称为"吾木香"，后来演变成"吾亦红"，但因为它有多个中文名称，如"吾亦红""我毛香"，所以关于它的语源也有各种说法，详细情况不明。因为其独特而有风情的姿态，自古以来就被列入秋天的名草，在和歌和俳句中经常被吟咏。中医把经过干燥处理的吾亦红的根叫作地榆，作为止血药来使用。另外，它的嫩叶也可以食用。其花语有"爱慕""变化""变迁的日子"。

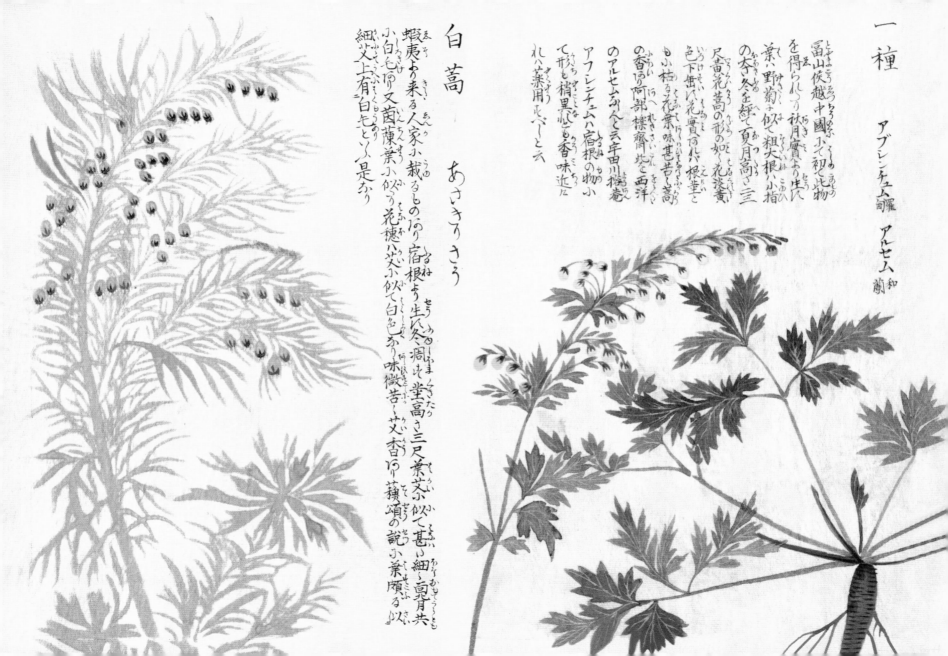

一種　アブシンチユム一名　アルセム　和蘭
ラ

とやまはちろ冨山侯越中國小て初て此物
を得られしう秋月貫より生し
葉八野菊ナ似て粗大根八小指
の大サ冬を經て夏月高さ三
尺黄花蒿の形の如く花淡黄
色けして花實かれバ根八高さ
も小枯れ花葉八味甚苦し莖と
の香より阿部樣齋此を西洋
のアルセムふりと云字田川榛巻
アフレンチェム八宿根の物小
て形も稍黒心ても香味近に
れ八藥用ポベとと云

白蒿　あさきりさう

蝦夷お来る人家小栽るものにあり宿根より生し冬凋し莖高き三尺葉艾小似て甚い細く眞青共
小白毛ありて又茵蔯葉小似う花穗八艾小似て白色なり味微苦し艾香あり蔯頃の説小葉頗る
細く艾上有白毛とて此是かり

朝雾草

朝雾草
Asagiriso

白山蓬
Hakusanyomogi

　　原产于日本的本州（北陆东北地区）、北海道、库页岛、南千岛，菊科多年生草本植物，拉丁文学名为 Artemisia schmidtiana。朝雾草茎高 15~60cm，茎和叶被白色茸毛覆盖，茸毛的白色和叶的绿色混杂在一起，看起来像美丽的银绿色。秋天开着淡黄色的小花，但比起它的花姿，其草叶的姿态、风情更引人注目。这种植物一般生长在高山或者海岸的岩石地带。因其美丽，多用于小型盆栽、庭院种植、大型盆栽等观赏用途，颇受欢迎。日文名称"朝雾草"是因为覆盖地面的叶子和茎看起来像晨雾而得名。别名"白山蓬"据说也是因为会让人联想到这样的情景而得名。不知道是否因为它的花姿有如高山上缭绕的雾气一般如梦如幻，才有了"复苏的回忆"这一花语。除此之外，还有"爱慕之心""戏剧性"这样的花语。

秋

牵牛花

朝颜
Asagao

牵牛子
Kengoshi

牵牛
Kengyu

镜草
Kagamigusa

　　原产于亚洲亚热带地区，旋花科一年生攀援藤本植物，拉丁文学名为 Pharbitis nil Choisy。属名 Pharbitis 是取自"Pharbe"（颜色）这个词，形容牵牛花有着各种各样鲜艳的花色。种加词 Nil 在阿拉伯语中是"蓝色"的意思。它作为一种药用植物，在奈良时代从中国经由朝鲜半岛传到日本。日文名称"朝颜"因为早上开花而得名。牵牛花原本是对早上盛开的美丽花卉的总称，在古代，还被叫作"昼颜""桔梗""木槿"。《万叶集》里出现的牵牛花，现在被认为其实是桔梗。牵牛花干燥后的种子是一种生药，叫作牵牛子，用于制作泻药和利尿剂。据说在物物交换的时代，这个药的价值等于一头牛，可以这种药为代价把牛牵回家，所以被称为"牵牛子"。其花语是"我和你结合""虚幻的恋爱"。

牽牛子
けごし

旋花　ひるがほ

一種　纏枝牡丹　八種
　　　えんしほたん　八種
　　　　　　　　　画譜

八重のひるがほ

柔毛打碗花

昼颜
Hirugao

颜花　貌花　旋花
Kaobana　Kaobana　Senka

分布于中国、日本、朝鲜半岛，旋花科攀援多年生藤本植物，拉丁文学名为 Calystegia japonica Choisy[1]。属名 Calystegia 是由希腊语的 "Calyx"（花萼）和 "Stege"（盖）组成的。其花朵为淡粉色或白色。具有攀援性，会缠绕在其他植物和栅栏上生长。日文名称 "昼颜"是因为早上开花的叫作 "朝颜"，晚上开花的叫作 "夕颜"，与之相对，白昼里开花的就叫作 "昼颜"。柔毛打碗花可用醋腌制，其地下茎[2]是一种野菜，也可食用。在中医里，开花后经过干燥处理的打碗花，称为 "旋花"，有利尿、消除疲劳、治疗神经痛的功效。花语有 "温柔的爱情""羁绊""朋友的情谊"。在法国有 "不贞" 和 "危险的幸福" 之意，因为 "昼颜" 的藤蔓会缠绕旁物的特性，所以暗指妻子在白天出轨。

1　此拉丁文学名为异名，修正名为 Calystegia pubescens Lindley。
2　地下茎，指在地下水平生长的粗壮的茎，在其上又长出新的根和芽。

藿香

川绿
Kawamidori

加波美止利
Kawamidori

排草香
Haisoko

　　分布于东亚，唇形科多年生草本植物，拉丁文学名为 Agastache rugosa。生长在温带与暖温带地区的山地、草原上。其花的颜色从淡红色到淡紫色都有，茎端开 5~15cm 的穗状花序。关于日文名称"川绿"的由来，据说是因为其繁茂的枝叶，能让生长的那片水域变成绿色而得名。但是其语源并没有定论。古名中也有"加波美止利"的字眼。"川绿"自古以来就是一种常见的民间药，在花期整体采摘下来并将其晒干后煎服。可以作为芳香性健胃药、感冒药等，用来治疗食欲不振、消化不良、腹泻、头痛等症状。生药的名称为藿香、排草香、藿菜，在香草中以"广藿香"一名著称。

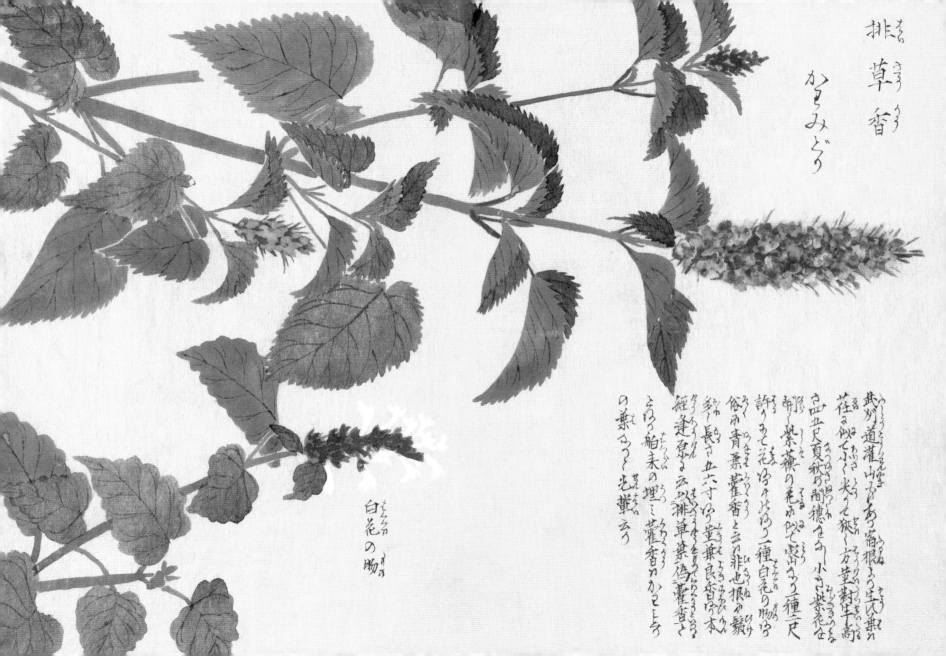

排草香
かうみどり

武州道灌山などにあり蔓根より生じて... 荏に似てふとく尖りて狐... 品五尺夏秋の間... 小さく紫花を... 紫蘇の花か似て... 一種白花の物二尺... 花咲かけり... 長さ五六寸より... 俗に青葉排草香と云... 経道原を五... 排草葉葉良... 排草香かどとう... の葉ふって先葉云う

白花の物

石蒜

彼岸花
Higanbana

石蒜
Sekisan

曼珠沙华
Manjyushage

地狱花
Jigokubana

　　原产于中国，石蒜科多年生草本植物，拉丁文学名为 Lycoris radiata。属名 Lycoris 取自希腊神话里的海之女神卢克利亚斯。种加词 Radiata 意为"放射状的、发散的"。据说史前时期此花就传到日本来了。日文名称"彼岸花"的意思是在秋分时节开出鲜艳的红色花朵。别名"曼珠沙华"来自法华经的"摩诃曼陀罗华""曼珠沙华"，在梵语中是"大白莲花""赤莲花"的意思。除此之外还有"地狱花""狐狸的招牌"等别名。据说因为有毒性，所以人们把它栽种在田埂里，以防止鼹鼠、老鼠之类的动物糟蹋水田。不小心食用会引起中毒症状，所以很危险。生药名叫作石蒜，是治疗浮肿、肩酸等病症的外用药。其花语有"热情""悲伤的回忆"。

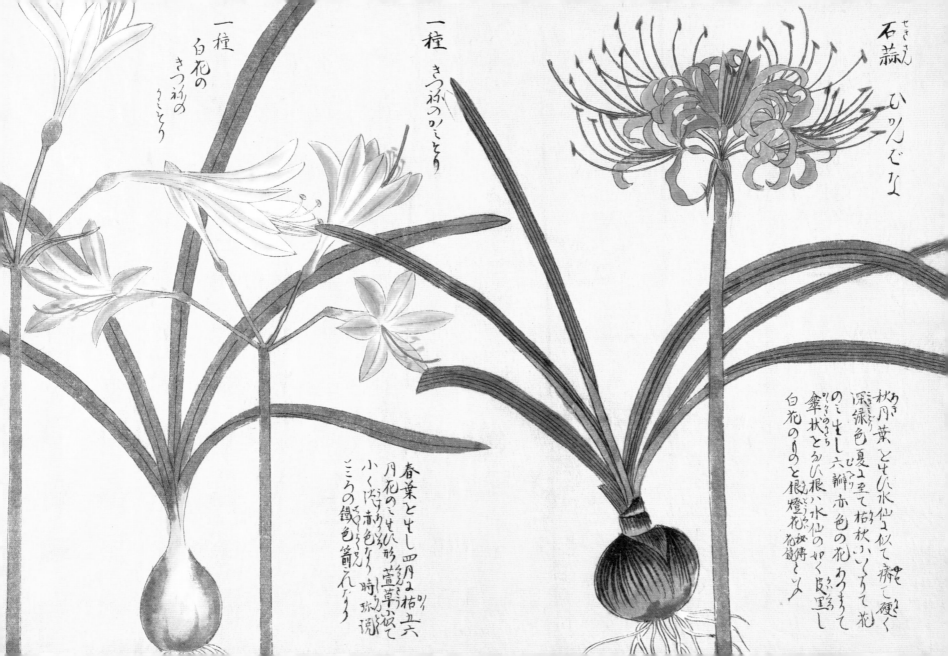

石蒜 ひがんばな

一種 きつ祢のかミそり

一種 白花の きつ祢の かミそり

あきの枕月葉ともせひ水仙に似て癖て硬く
深緑色夏より至て枯秋小くもりて花
のこ〱もし六辦赤色の花あらわ〱て
傘状とるひ根ハ水仙の如く皮黒し
白花ののと銀燈花花鏡とセ

春葉ともせし四月より祐五六
月花のこせひ形萱草似て
小く浅赤色なり時珠説
こ〱の鐵色箭れなり

つね
尋常の品にして
所々に培養る
い物

莲

莲
Hasu

莲　　　蜂　　芙
Hachisu　巢　　蓉
　　　　Hachisu　Fuyo

分布在中国、印度、日本、伊朗、澳大利亚和北美洲，睡莲科多年生水生草本植物，拉丁文学名为 Nelumbo nucifera。属名 Nelumbo 是斯里兰卡语，意为"莲"。种加词 Nucifera 是"有坚果"的意思。因为其花托的形状，在古代被叫作"蜂巢"，简写为"莲"。莲的历史悠久，在《古事记》和《万叶集》里也有记载。《常陆国风土记》（723 年）中有食用莲藕的记载。进入江户时代后，开始盛行以观赏为目的栽种此花。中药里用此花的根茎、叶子来消炎，用种子来制作补药。虽然出自淤泥却亭亭玉立，因此人们把它当作纯洁和美丽的象征。另外，在希腊神话中，它被认为是海神尼普顿的女儿；在印度和中国被奉为释迦牟尼的化身。其花语有"神圣""雄辩"等。

木槿

槿
Mukuge

木槿
Mukuge

木莲
Kihachisu

木波知须
Kihachisu

原产于中国、东南亚，锦葵科的落叶灌木，拉丁文学名为 Hibiscus syriacus。属名 Hibiscus 是木槿属的古希腊名、拉丁名。种加词 Syriacus 的意思是"叙利亚的"。花朵颜色有淡红色、白色、淡紫色等。据说在平安时代之前就传到了日本。在室町时代被当作禁花，但到了江户时代则作为茶花使用。木槿是韩国的国花，在朝鲜半岛名叫无穷花，根据其口音，到了日本被叫作"木槿花"。还有一种说法认为，这是由中文名称"木槿"转音而来。别名"木波知须"是因为早上开花、傍晚枯萎的习性和莲花相似而得名。中医用白花的花蕾和树皮入药，干燥的木槿花用来做肠胃药，木槿皮用来治疗脚气。其花语有"尊敬""信念""青春永驻之美"等。

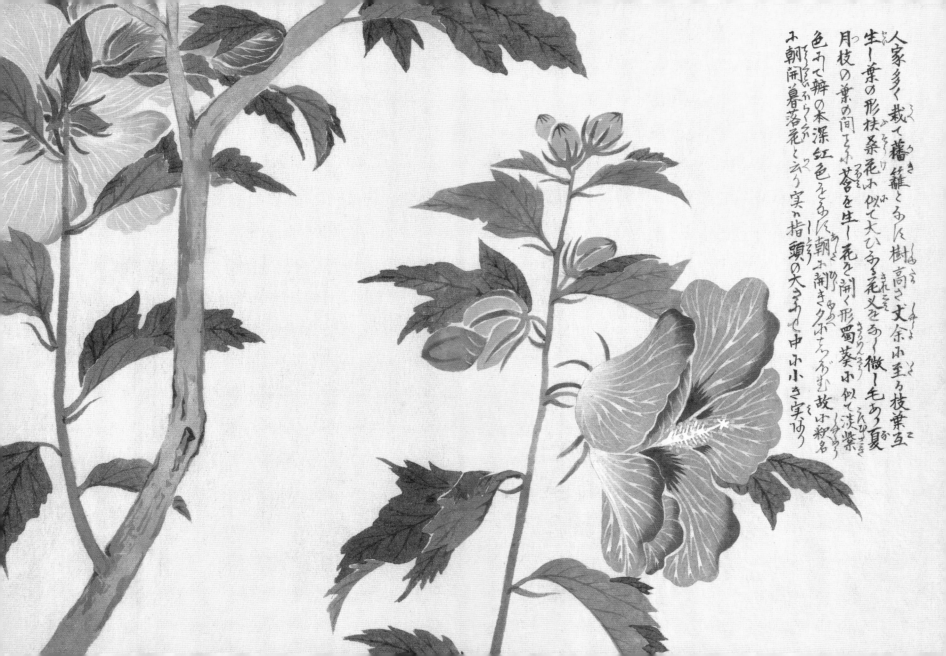

人家多く栽て藩籬とす樹高さ丈余に至る枝葉互
生し葉の形扶桑花に似て大ひなる花义をあり夏
月枝の葉の間より小き蕚を生し花を開く形蜀葵に似て淡紫
色にして辧の本深紅色をなす朝に開き暮に萎む故に釈名
に朝開暮落花と云ふ実は指頭の大さにて中に小き実ふ

白棠子树

小紫
Komurasaki

小式部
Koshikibu

紫珠
Shishu

小紫式部
Komurasakishikibu

分布在中国，日本的本州（岩手县以南）、四国、九州，以及朝鲜半岛，马鞭草科落叶灌木，拉丁文学名为 Callicarpa dichotoma。属名 Callicarpa 在希腊语中是"美丽的果实"的意思。开淡紫色的小花，结出的紫色果实甚是好看。日文名称"小紫""小紫式部"是因为与同属的日本紫珠（拉丁文学名为 Callicarpa japonica Thunb，日文名称"紫式部"）相似，但是比日本紫珠小，所以得名。还有一种说法，因为日本作家、中古三十六歌仙之一的紫式部是一位优雅美丽的女性，所以给这种长着紫色果实的树木取了紫式部这个名字。它的花、叶、根都有药效，将这些晒干后制成的生药叫作紫珠（日本产的叫作和紫珠）。紫珠用作止血药、退烧药，和紫珠则用作解毒剂。其花语是"聪明""善于被爱"。

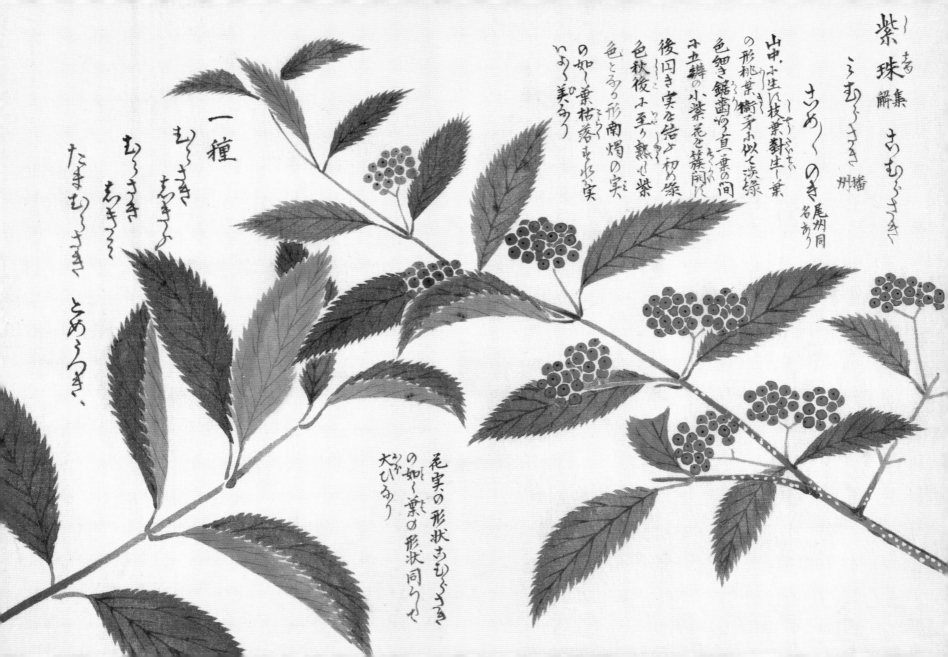

紫珠解集 むらさき

むらさきしきぶ

一種

むらさき
むらさき
むらさき
たまむらさき とめ〜つき

さめ〜のき 尾州同名あり 播州

山中ニ生ズ枝葉對生シ葉の形桃葉衛矛ニ似て淡緑色深ク鋸歯アリ真ニ栗の間子ニ蕨の小紫花を簇開ス後圓キ実を結ビ初メ緑色秋後ニ至リ熟シ紫色となり形南燭の実の如ク葉枯落ち少実色ともあり美ゟり

花実の形状むらさきの如ク葉の形状同ジくて大ひなり

硬毛油点草

杜鹃草
Hototogisu

油点草
Hototogisu

　　原产于日本，百合科多年生草本植物，拉丁文学名为 Tricyrtis hirta。属名 Tricyrtis 是希腊语"Treis"（三）和"Cyrtos"（弯曲）的合成词，因为有 3 枚弯曲的外轮花被片[1]而得名。油点草属在东亚和印度共有 20 多种，其中约一半分布在日本。"杜鹃草"从江户时代就有记载，是人们喜爱的庭院树。特点是花朝上开，白底，带有深紫色的斑点。日文名称"杜鹃草"源于花被片上有很多紫色斑点，和与之同名的杜鹃鸟胸部的花纹相似。别名"油点草"也是一样，是因为叶子上有类似油点的斑点而得名。英文名称"Toadlily"中的"Toad"是蟾蜍的意思。因为此花从夏天一直开到秋天，久开不败，所以花语是"永远属于你"。

1　花被片，当萼片和花瓣难以分辨，则两者统称为花被片。

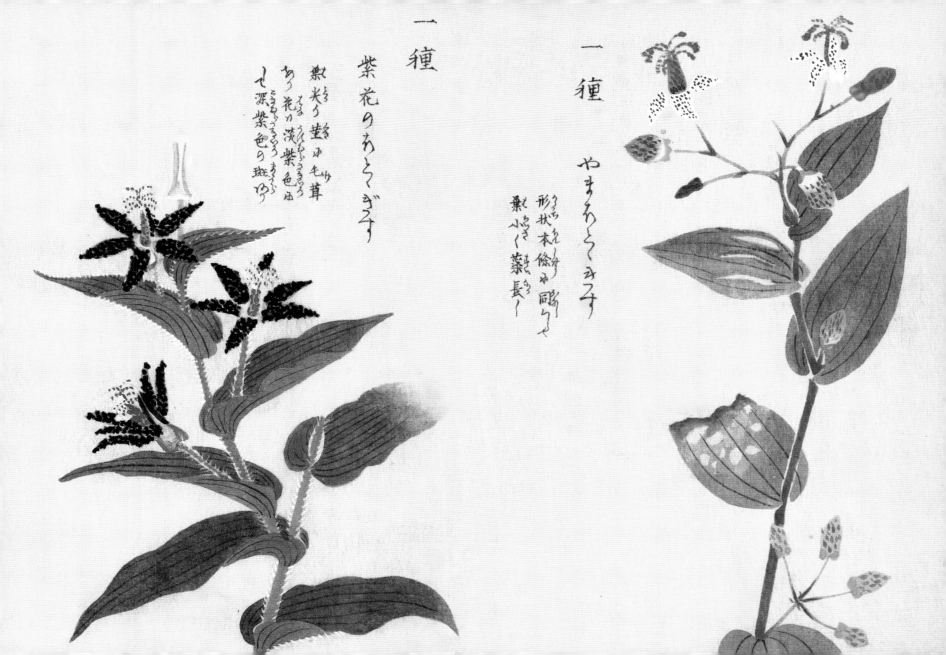

一種

紫花のほとゝぎす

數光り藝ゆ毛茸
あり花の淡紫色也
て深紫色の斑あり

一種

やまほとゝぎす

形狀本條や同りや
數小く葉長し

葛

葛
Kuzu

葛蔓
Kuzukazura

葛叶蔓
Kuzuhakazura

里见草
Uramigusa

分布在中国、日本、朝鲜半岛，豆科攀援性多年生草本植物，拉丁文学名为 Pueraria thunbergiana。属名 Pueraria 来源于瑞士植物学家马克·N·普埃拉里的名字。万叶时代的诗人山上忆良将葛和紫罗兰作为"秋之七草"之一吟咏。日文名称"葛"，是因为以前在大和国吉野郡的国栖地区，人们专门生产葛粉，因此得名。据说因为是国栖的藤蔓叫"国栖蔓"，后来简称为"国栖"，汉字写作"葛"。因为风一吹能看到白色的叶子背面，所以也有"里见草"的别名。生药名叫作葛根，可以缓解感冒、腹泻的症状，还可用作退烧药。另外，葛的新芽和嫩叶可以用来炖汤，其花可用来炸天妇罗，葛粉可制成葛切（日式糕点）、做葛汤等，从蔓藤中提取的纤维可用于织布等，利用价值极高。其花语有"治疗""坚强的内心""为爱情而活"等。

くつ
葛

くぞ

桔梗

桔梗
Kikyo

盆花
Bonbana

阿利乃比布岐
Arinohifuki

　　原产于中国、日本、朝鲜半岛及西伯利亚地区，桔梗科多年生草本植物，拉丁文学名为 Platycodon grandiflorus。属名 Platycodon 在希腊语中是"Platys"（宽）和"Codon"（钟）的意思。是常见的"秋之七草"之一，是秋季的代表植物。在《万叶集》里，山上忆良曾吟诵过"秋之七草"之一的牵牛花，但其实是桔梗。这一点已是定论。日文名称"桔梗"据说由中文名称"桔梗"转音而来。桔梗花一般是蓝紫色的，但遇酸会变红，这是其特性。古名"蚂蚁吹火苗"是因为当蚂蚁咬着花瓣时会从口中释放出蚁酸，花就会变成红色，看起来像是从嘴里吹出火来。中药里用桔梗来治疗扁桃腺炎、脓肿、中耳炎等。其花语有"不变的爱""诚实""顺从"等。

桔梗 きゝやう

ありのむふき 和名

一種白花の物

鈔

淡茶花の物

今通行てきゝやう
とて栽培するあり
花ふ碧色或は
白花をぬる此色の
物わ又紫白
糂色のり又
千弁あり
扇子
拮梗蕾
又攻拮梗といふ
わくて花完て平ら
わくこれが紫白
このもらか淡れの別あり

芒

芒
Susuki

薄
Susuki

尾花
Obana

茅萱
Kayakaya

家萱
Yagaya

分布在中国、日本、朝鲜半岛，禾本科多年生草本植物，拉丁文学名为 Miscanthus sinensis。属名 Miscanthus 来自希腊语的"Mischos"（小花图案）和"Anthos"（花）。从万叶时代开始被认为是"秋之七草"之一。关于"芒"的词源，来源于其叶片繁茂生长的样子。另一个名称"薄"取自绿草茂盛生长的样子，别名"尾花"是因为花穗像兽尾一样。自古以来，它作为秋天的应时之物，在文艺、美术领域被广泛运用，人们采用其图案设计家纹，或者用来建造屋顶，或是用作家畜的饲料，是一种与人们的生活密切相关的植物。还有一种说法认为，在秋季赏月时，这种植物可以保佑庄稼不受恶灵或灾祸侵扰，人们用它来祈祷来年丰收。其花语有"活力""生命力""无悔的青春"等。

芒 すゝき

一種 たゝのそすゝき

一種 志ま すゝき

王瓜

乌瓜
Karasuuri

王瓜　　玉章　　狐枕
Karasuuri　Tamazusa　Kitsunenomakura

分布于中国、日本，葫芦科攀援藤本多年生草本植物，拉丁文学名为 Trichosanthes cucumeroides。属名 Trichosanthes 是希腊语"Thrix"（毛）和"Anthos"（花）的合成词。种加词 Cucumeroides 是"类似葫芦科"的意思。别名"玉章"是指书信，因其种子与折叠的书信形状相似而得名。关于"乌瓜"这个名称的由来众说纷纭，有说法认为它长得像乌鸦吃剩下的果实，或者是果实的颜色、形状与从唐朝传来的朱墨[1]、唐朱的原料矿石相似而得名。王瓜的根是一种生药，称为土瓜根或王瓜根，用来利尿、通经、催乳。种子被称为王瓜仁，用于祛痰止咳。另外，将王瓜成熟的红色果实捣碎，对治疗裂痕、皲裂、冻疮有疗效。其花语有"好消息""诚实""厌恶男人"等。

1　朱墨，用朱砂制成的墨。

王瓜

菊花

甘菊
Amagiku

料理菊
Ryorigiku

　　原产于中国，菊科多年生草本植物，拉丁文学名为 Chrysanthemun morifolium。属名 Chrysanthemum 是"金色的花朵"的意思。关于日文名称的来历，是以汉字"菊"的读音来命名的。在中国，菊花被视作延年益寿的灵丹妙药，人们会酿造、饮用菊花酒。日本能剧中有一部作品名为《菊慈童》，讲的是在中国周朝有一个被流放到南阳的少年，因为喝了当地菊花上的露水而长生不老的传说。《和汉三才图会》（1713 年）中记载仁德天皇时代从百济进贡了 5 种菊花。这是日本关于菊花最古老的历史。在平安时代，到了重阳节，宫中会喝菊花酒来祈福消灾。到了江户时代，人们开始栽培适合食用的菊花，被称为"料理菊"。花语有"高贵""高洁""真正的爱""甜美的梦""破碎的恋爱"等。

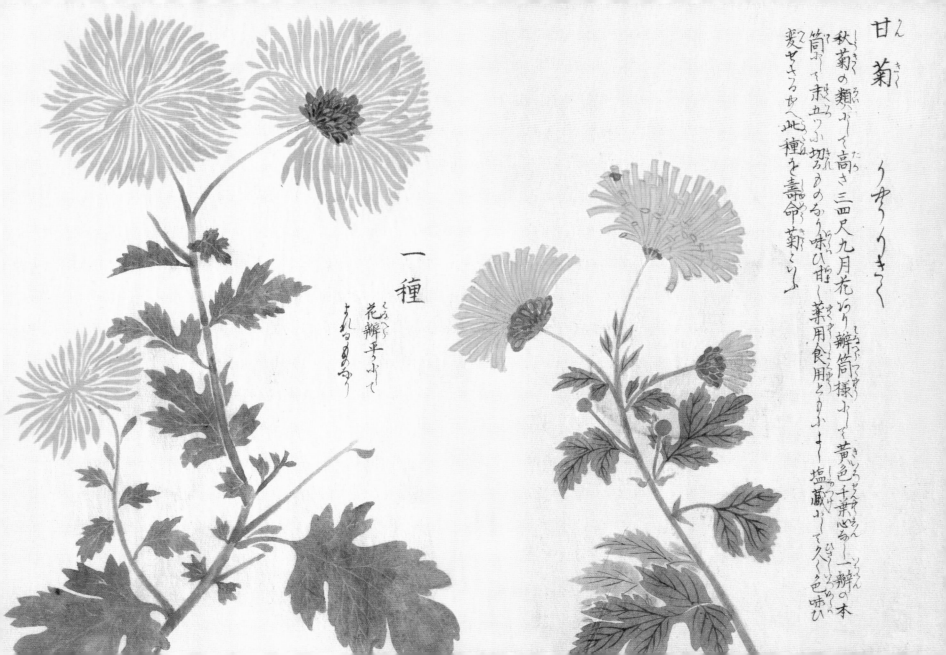

甘菊（かんぎく）うきりきく

秋菊の類ふして高さ三四尺九月花ひらり瓣筒様ふして黄色千葉心ちら一瓣の木筒ふて求立つ小切るのあり味ひ甘し薬用食用とりふよ塩蔵ふて久しく色味ひ変せさるゆへ此種を壽命菊くいふ

一種
花瓣平らふて
まるきものなり

龙胆

龙胆
Rindo

龙胆
Ryudan

龙膽
Rindo

苦菜
Nigana

　　分布在除非洲以外，全球温带地区及山岳地带，龙胆科多年生草本植物，拉丁文学名为 Gentiana scabra Bunge var. buergeri。属名 Gentiana 来源于古罗马的作家普利纽斯，他发现了这种植物及其药效，并以公元前 500 年左右的伊利里亚国王廷蒂乌斯的名字命名。种加词 Scabra 是"粗糙"的意思。日文名称是从中文名称"龙膽"转化而来的。"龙膽"是龙胆的旧字。中国最古老的中药学著作《神农本草经》中记载龙胆"味苦涩"。众所周知，动物的胆的味道是苦涩的，为了表达出这种苦味，人们就把它比作传说里的"龙"的"胆"，这就是龙胆这个名字的由来。其根在中药里被叫作龙胆，是一种健胃药，用来治疗食欲不振、消化不良等。因为秋天里寂寥开放的花姿，人们赋予其花语为"爱着悲伤的你""寂寞的爱情"。

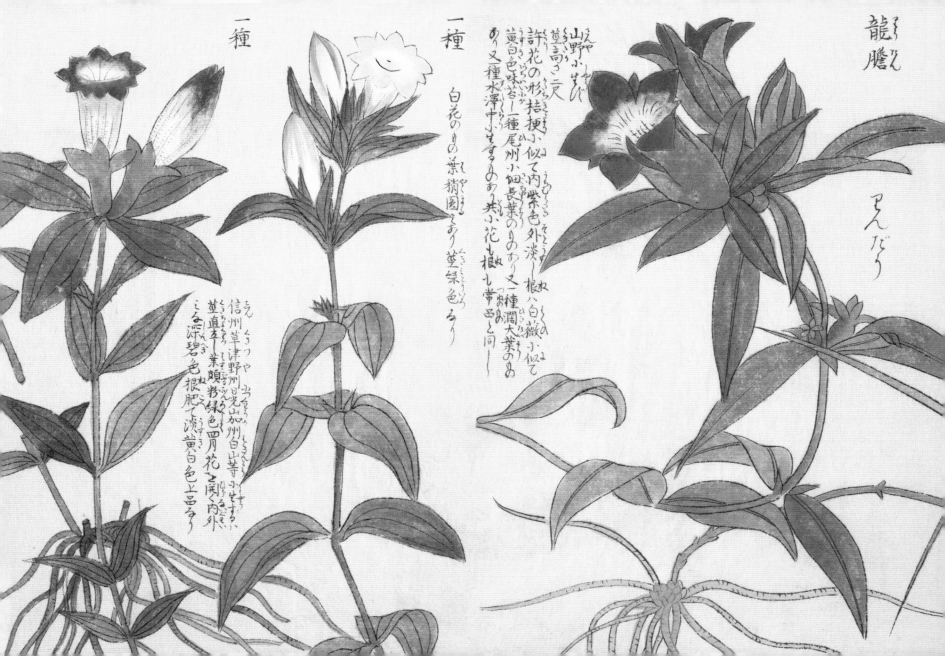

龍膽

りんだう

一種

一種

許花の形桔梗に似て内紫色外淡し
山野小笹葉高さ三尺
えやしえ

黄白色味苦し一種尾州小畑長葉のものあり又一種潤大葉のも
根は白薇小似て
外淡し

あり又一種水澤中小生するものあり共小花も椒も常品と同し

白花のもの葉猫圓まり茎緑色なり

信州草津野州日光加州白山等小生すゆ
茎直立し葉頭粉緑色四月花之開く内外
こゝに深碧色根肥て淡黄白色上品なり

轮叶沙参

钓钟人参
Tsuriganeninjin

钓钟草
Tsuriganeso

风铃草
Furinso

沙参
Shajin

分布在日本及库页岛，桔梗科多年生草本植物，拉丁文学名为 Adenophora triphylla。花期从晚夏到初秋，花色为蓝紫色，花形呈吊钟状，附着在茎顶，向下开放。日文名称"钓钟人参"是因为其花像吊钟，根像人参而得名。因为花的形状，还有"钓钟草""风铃草"等与其他桔梗科植物相同的名称。另外，在春天可以采到钓钟人参的嫩芽，它可是人们非常爱吃的野味，过去还有民间说法："山珍要数蝼蛄和钓钟人参的嫩芽，乡间美味要数瓜和茄子，这可是恨不得独享的美味啊！"晒干的钓钟人参的根叫作沙参，是一味生药，用于镇咳、祛痰。其花语"热心地完成"，源于人们为获得美味的嫩叶和做生药的根而采摘钓钟人参的画面。其他花语还有"温柔的爱情""感谢""诚实"。

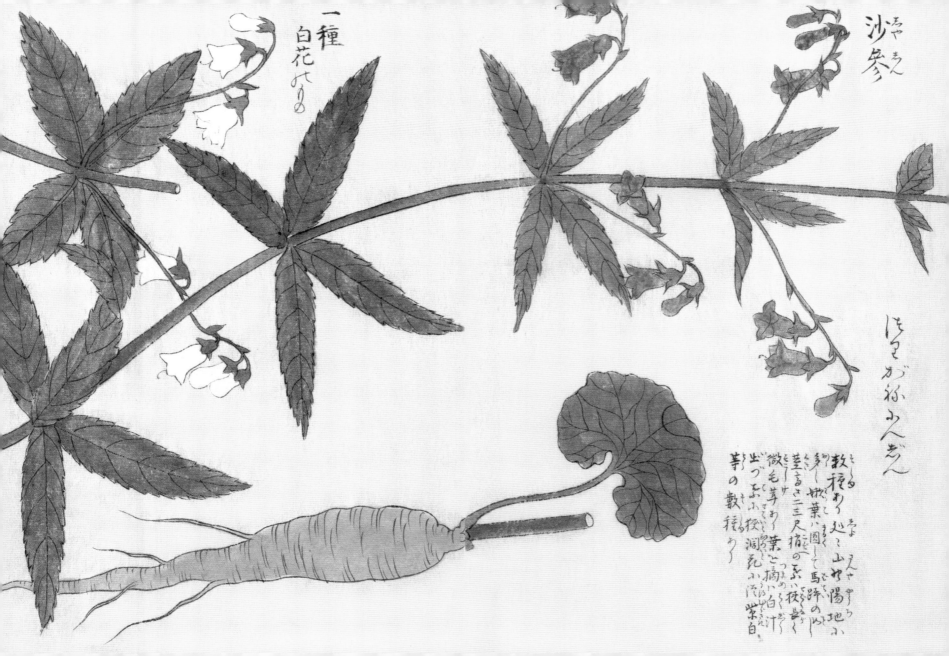

沙参
ちゃうしえん

一種
白花いりの

ほるがねふんぎん

えやうと
山や陽地に
多く処に
山や陽地に
多く州葉八圓く
ら馬蹄の如く
茎高さ二三尺指の
如く微毛あり葉ごとに
白汁
出づ花ふく枝渦花小に淡紫白
草の数種う
数種う

桂
花

木
犀
Mokusei

桂
花
Keika

原产于中国，木犀科常绿小乔木，拉丁文学名为 Osmanthus fragrans。属名 Osmanthus 是 "Osme"（芳香）和 "Anthos"（花），意为 "芳香之花"。种加词 Fragrans 也是 "有香味"的意思。木犀是金木犀、银木犀、淡黄木犀的总称。花朵为黄褐色的木犀被称为金木犀，白色的被称为银木犀，黄绿色的被称为淡黄木犀。日文名称 "木犀"取自中文名称 "木犀"的读音。木犀这两个字据说是因为此树的树皮和动物犀牛的皮肤相似而得名。将凋落的花瓣晾干后泡在酒里可以酿成桂花酒，有健胃功效，还可以治疗低血压、失眠。在中国，金木犀的古名叫作桂花，做成桂花陈酒和果酱，香气和味道俱佳。因为花朵小巧，所以获得了 "初恋""你很高洁"这样的花语。

きん
もく
せい

きん
もく
せい

枸杞

枸杞
Kuko

鱼枸杞
Oniguko

沼美久须利
Numigusuri

分布在中国、日本、朝鲜半岛，茄科落叶灌木，拉丁文学名为 Lycium chinense。属名 Lycium 是希腊语，源自中亚一个叫吕西亚（Lycia）的地方生长的一种荆棘遍布的树木——"利西翁"（Lycion）的名称。日文名称"枸杞"取自中文名称"枸杞"的读音。"枸杞"是由"枸"（形似刺）和"杞"（形似杞的茎）[1] 组成，因此得名。平安时代从中国传入日本。因其药效，被贵族视为长生不老药，十分珍贵。后来被推广开来，成为一种民间药用植物。中医把枸杞叶子叫作枸杞叶，用于预防动脉硬化、高血压，晾干后的枸杞根叫作地骨皮，可用作补药，也有退烧、消炎的功效，其果实称为枸杞子，用于滋补、治疗失眠和低血压症。其花语有"诚实""互相遗忘吧"等。

---

1 《本草纲目》曾记载：枸杞，树名，棘如枸之刺，茎如杞之条，故兼名之。

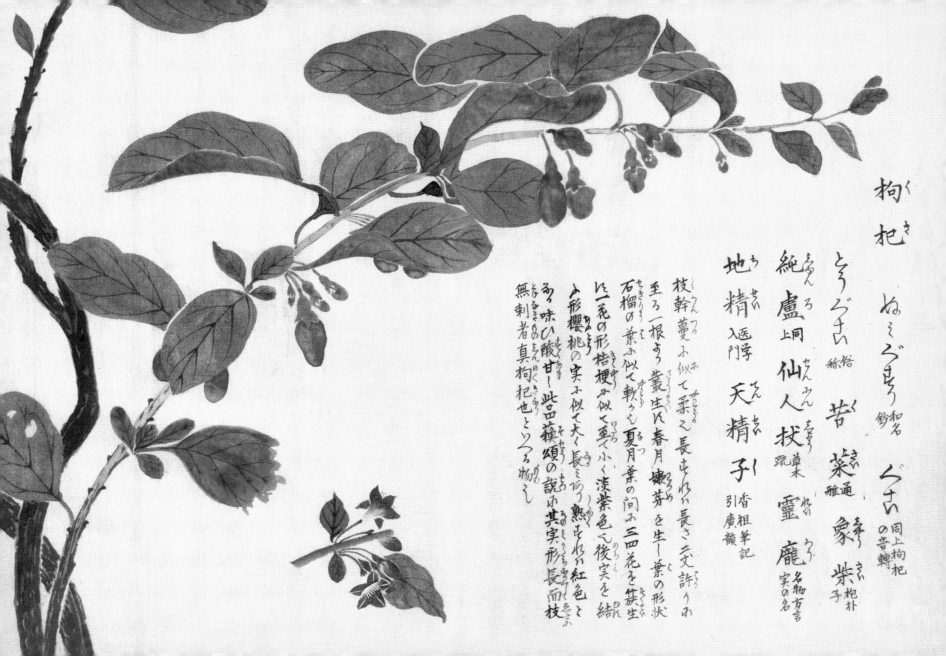

拘杞 くこ

ぬみぐみり ぐみ 同上枸杞
の音轉

とうぐみ 稲伯 苦菜 慈通 象 棗
雅通 紫子
枹朴

純盧 同上 仙人杖 靈寵
實の名

地精 入醫門學 天精子 名物方言
香祖筆記
引廣韻

枝幹蔓ふ似て柔く長されば長さ二丈許うれ
至う一根う叢生ふ春月嫩芽を生ー葉の形状
石榴の葉ふ似て軟うも夏月葉の間ふ三四花を簇生
ふ一花の形桔梗ふ似て紫く小淡紫色で後實を結
ふ形櫻桃の實ふ似て大く長ミうう熟されば紅色と
なる味ひ酸甘し此品藏頌の説ふ其實形長前枝
無刺者真拘杞也とつる物ミ

番薯

薩摩芋
Satsumaimo

唐芋　　　八里　　　十三里
Karaimo　　Hachiri　　Jyusanri

原产于中美洲，旋花科多年生草本植物，拉丁文学名为 Ipomoea batatas。公元前 3000 多年前人类就开始种植，由哥伦布从美洲大陆把它带回了欧洲。葡萄牙人把它带到菲律宾的卢森岛，然后传到了中国。番薯传往日本是经由琉球先到了以萨摩为首的九州地区。在这条传播路线上被人们叫作"萨摩芋""卡拉芋""琉球芋"。此外，因其在蔬菜中属于甜度很高的，被叫作"甘薯"，味道很像栗子（九里），在上方[1] 被叫作"八里"，在江户被叫作"九里四里（比栗子）甜十三里"，意思是更甜。到了江户时代，青木昆阳建议八代将军德川吉宗大力提倡栽培，所以快速推广到了全国。它含有丰富的食物纤维，有促进肠道蠕动的作用，能有效改善便秘。此外，它还被用作酿酒的原材料。

1　上方，在江户时代日本的大阪和京都地区统称为"上方"。

一種
そろり
前肥

木瓜

榠栌
Karin

榠栌
Meisa

唐梨
Karanashi

安兰树
Anranjyu

原产于中国，蔷薇科灌木或小乔木，拉丁文学名为 Chaenomeles sinensis。据说木瓜是在江户时代从中国传入日本的。早在 2000 多年前中国人就开始将其用作中药。现在木瓜也作为庭园树木和盆栽被用于观赏。关于它的日文名称"榠栌"的来历，是因为其木纹和豆科木瓜类的木纹相似，所以得名。春天开着淡红色的花，秋天长出椭圆形的果实，香味浓烈。果实很硬，酸味和苦味很重，不适合生吃，所以多用来制作糖渍或酿果酒。其果酒有止咳的效果。另外，把成熟的果实放进热水里加热，再晾干，可以制成生药木瓜，用于治疗咳嗽、化痰、缓解喉咙痛等。木材坚硬，光泽美丽，所以被人们广泛使用于制作地板、家具、门楣、木雕，还用来制作小提琴琴弓等。其花语是"丰丽""优雅"。

檳榔<ruby>さ<rt>ん</rt></ruby> ウヰリン

石榴

石榴
Zakuro

若榴　色玉
Jakuro　Irodama

　　原产于伊朗、阿富汗、巴基斯坦，石榴科落叶小乔木，拉丁文学名为 Punica granatum。属名 Punica 来源于向欧洲传播了石榴的加尔各答人的拉丁名"Punicus"。中文名称"石榴"是因为其种子圆润如玉（瑠）而得名。日文名称"石榴"源自把中文名称读作"若榴"，然后转变成了"石榴"。在古埃及，据说石榴的果皮可以治疗吐血，树皮和根可以用于驱除寄生虫，果汁可酿酒，叶子可用来制作项链。图坦卡门的墓里出土了一个形似石榴的壶。传说石榴是鬼子母神[1] 喜爱的食物，类似的传说在希腊神话中也有出现。石榴的种子数量多，被当作是生命的源泉和丰收的象征。因为希腊神话里的珀耳塞福涅的故事，其花语为"愚蠢"，此外还有"成熟的美""自尊心"等。

1　鬼子母神，佛教神话中的女神。

冬

欧洲水仙

水仙
Suisen

雅客
Gakaku

雪中花
Secchuka

　　原产于地中海沿岸，石蒜科多年生草本植物，拉丁文学名为 Narcissus tazetta。属名 Narcissus 来源于希腊语的 "Narcissus"（希腊神话中美少年纳西索斯的名字），意为 "令人麻木" 或 "无力"。由于在日本《万叶集》《源氏物语》等古典作品里都没有找到出处，所以对于水仙是否是平安时代末期传入日本的，这一说法并没有定论。日文名称 "水仙" 是对中文名称 "水仙" 的音译。使用 "水仙" 这两个字是因为它生长在有水的地方，寿命像仙人一样长。还有的说法认为它是 "水中的仙人" 等。室町时代的《下学集》里写道 "汉名水仙华，和名雪中花"。据说在江户时代 "华" 字被省略，直接取了 "水仙" 一名。传说有一个美少年自我陶醉于自己在水面的倒影，因这一无法实现的恋爱而生无可恋，所以花语有 "爱自己" "自恋" 等。

水仙

房州ニ多シ 葉長キモ
ノ三四尺ニ及ブ

種

物印忙の國ハ水仙ニ種アリ
水郷ふこの品りきと園ひ

二種 知考寫

玉玲瓏鏡花
八重の水仙なり
房州ニも未ス
黃色の短野と雜当文流録
色のり稀まあり

ナルシツシ 罗
ナルシ ツセン ライロース 菌 和

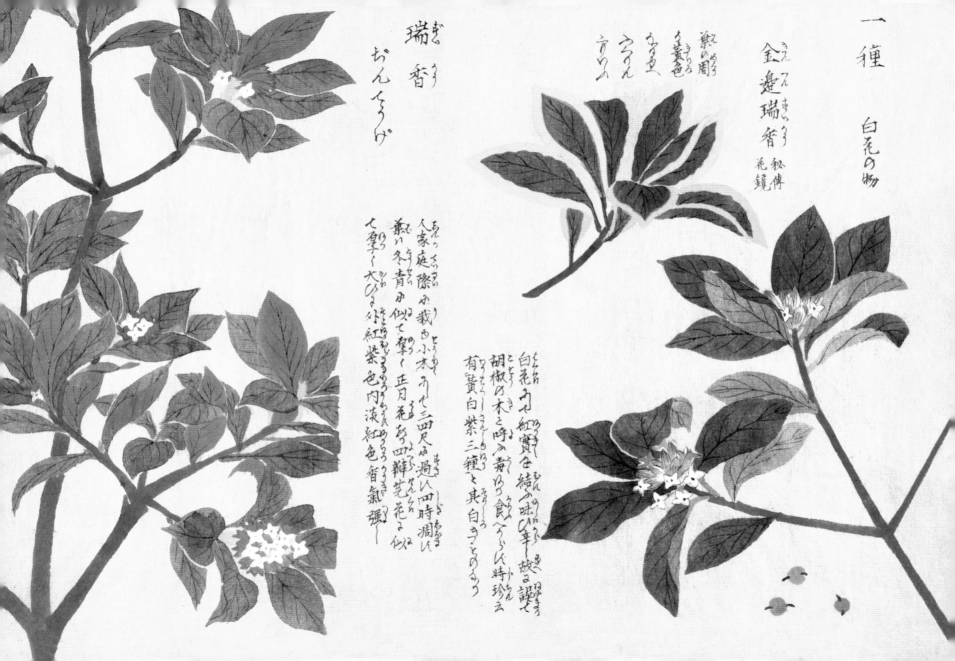

一種　白花の物

秘傳
花鏡

金邊瑞香

瑞香
ぢんちやうげ

人家庭際に栽る小木にして三四尺に過ず四時凋れず葉冬青にして正月花を開く四瓣花に似たり七萼して大ひなる外紅紫色内淡紅色香氣強し

白花あり紅實を結ぶ味ひ辛し故に誤て胡椒の木と呼ぶ毒ありて食へば時に珍ず有黄白紫三種と其白きものあり

瑞香

沈丁花
Jinchoge

千里香
Senriko

瑞香
Zuiko

丁字草
Chojigusa

　　原产于中国，瑞香科常绿灌木，拉丁文学名为 Daphne odora。属名 Daphne 源自希腊语的"Dafune"（希腊神话中的宁芙[1]达芙妮的名字），同时也是月桂树的拉丁古名。种加词 Odora 是"有香味"的意思。其花的特征是外侧呈紫红色，内侧呈白色，且具有芳香气味。室町时代传入日本，以根入药。日文名称"沈丁花"是将花的香味比作以香木闻名的瑞香花和丁香花。瑞香作为吉祥的香味之花，因为其芳香能传到千里之外，所以又被命名为"千里香"，和栀子花、丹桂并称为日本三大香木。把晒干的沈丁花煎水喝，或者漱口的话会有助于治疗感冒、喉咙痛。因其从花蕾初绽直至花谢凋零，花姿都不减一分，所以花语为"长生不老""永远"。

1　在希腊神话中，"宁芙"是一类自然精灵的总称，它们通常与某些自然现象或特定地点相关联，如山川、树木、水域等。宁芙分为多种类型，包括海洋宁芙、水泽宁芙、树宁芙等。

佛手

佛手柑
Busshukan

原产于印度，芸香科常绿灌木，拉丁文学名为 Citrus medica var. sarcodactylus。在中国，自古以来人们就以药用或食用为目的种植佛手。因为其不耐寒，所以在寒冷地区很难种植，一般生长在温暖的地方。据说，佛手是在江户初期传入日本的。因为有香味，所以被用作观赏植物和插花材料。它的高度在 2.5m 左右，初夏开白色的花，有 5 瓣花瓣，到了冬天，成熟的果实变成黄色。佛手被认为是香橼的一个变种。香橼于公元元年前后传到了欧洲。和柠檬一样，人们用佛手烹饪，或者用来给点心点缀香味。其果实的形状很特别，表皮发达，呈突起状，像手指一样分为 5~10 根。没有果肉，也没有种子。日文名称"佛手柑"源于其中文名称，因为这种奇怪的果实形状像佛像的手指形状。

佛手柑 名釈 てぶしゅかん

飛穣 雅通

佛爪香圓 八閩 通志

樹葉前條ト同シ唯此物嫩
葉紫色ヲ帯ルヲ以テ別トシ
唯其實蒂ハ枸櫞ノ如ク中
央ヨリ裂ケテ十餘許リ屈ミ
曲リテ人ノ手ニ似タリ肉白色
ふて核あー

酸橙

橙
Daidai

大大
Daidai

代代
Daidai

回青橙
Kaiseito

臭橙
Kabusu

原产于印度、喜马拉雅地区，芸香科的常绿小乔木，拉丁文学名为 Citrus aurantium。属名 Citrus 是柠檬的拉丁古名。种加词 Aurantium 是"橙黄色"的意思。酸橙在古时候传入日本。关于日文名称"代代"的由来，众说纷纭，在柚类中也算个头大的，所以叫"大大"。另外，酸橙的果实成熟后也不从树上掉下来，会一直长到第二年，到了第二年夏天又变回绿色，到秋天再次变成橙色。因为这种在一棵树上同时长有新旧果实的习性，所以被称为"代代"。果实经过一年后仍长在树上，再加上"世代繁荣"等谐音，它成为了正月装饰的吉祥物。其果实又酸又苦，所以不能生吃，人们把它加工成果醋或健胃药等，用来入药。酸橙的果汁是治疗裂伤和皲裂的外用药。其花语有"宽大""慈爱"。

橙（とう）

らゝへが

蜜橙（みつとう）

橙（とう）根
群芳譜
花鏡秘傳

樹高大ふゝて葉ハ柚の如ゝ大小本ふ小葉をふ枝間小刺あり花まゝ柚ふ似て大く実ハ雲州たちゝふふ似て大く肌蜜かゝて聊か刺渋少く味ひ甘く香氣あり

一種　たいゝかふも

回青橙　八閩通志

橘葉ゝ柚へぶふ似て分別しゝかふゝ但其実青ゝ冬月霜を経て漸ゝ紅黄色味ひ酸ゝ若ゝ此皮近頃疝積を治すふ用ひ冬月紅色多ゝ実春小至り緑色小変ゝ冬又紅色小至る年を経ゝゆへたいゝと云

蜡梅

蜡梅
Robai

唐梅
Karaume

南京梅
Nankinume

黄梅香
Kobaika

　　原产于中国中部，蜡梅科落叶灌木，拉丁文学名为 Chimonanthus praecox。属名 Chimonanthus 是希腊语的"Cheirnon"（冬天）和"Anthos"（花）的合成词。种加词 Praecox 是"早开"的意思。蜡梅花朝下开放，内侧呈暗褐色，外侧呈黄色，并带有芳香。在中国，和梅花、水仙、山茶花并称为"雪中四花"[1]。17 世纪初期，后水尾天皇时代传入日本。18 世纪中叶，从日本或中国出口到英国，并以"Winter sweet"的名称大受欢迎。日文名称"蜡梅"是对中文名称"蜡梅"的音译。在《本草纲目》中有这样一句话："因与梅花同时，香又相近，色似蜜蜡，故得此名。"因此也被称为"黄梅香"。据说是从腊月（农历十二月）左右开始开花，所以就取了这个名字。其花语是"快乐""充满慈爱的人"。

1　应为"雪中四友"：梅花、山茶花、水仙和迎春花。

形状次の物と同じ此品時珍の説の狗蝿梅也つ

野慈姑

慈姑
Kuwai

久和为
Kuwai

白慈姑
Shirokuwai

乌芋
Uu

　　原产于中国，泽泻科水生多年生草本植物，拉丁文学名为 Sagittaria trifolia。属名 Agittaria 是因其叶子形似箭，所以由"Sagitta"（箭）这个词得名。据说日文名称"慈姑"是因为叶子和锄头的形状相似。中文名称"慈姑"，是因为地下茎的前端长着小芋头，很像慈母给孩子喂奶的样子，所以得名[1]。慈姑在古时候从中国传入日本，从平安时代开始栽培。虽然广泛分布在亚洲、欧洲、美洲的温带、热带等地，但是只有在中国和日本人们会食用它的块茎。在日本人们会把它做成炖菜或做成天妇罗来吃。因为它富含食物纤维，所以对促进肠道消化，预防高血压、动脉硬化也有疗效。人们因其发芽的样子，视为"出芽""喜庆"的象征，是一种很吉利的食材，在日本的正月料理里，也是重要的组成部分。其花语是"吉利"。

1　《本草纲目》中记载：慈姑，一根岁产十二子，如慈姑之乳诸手，故以名之。

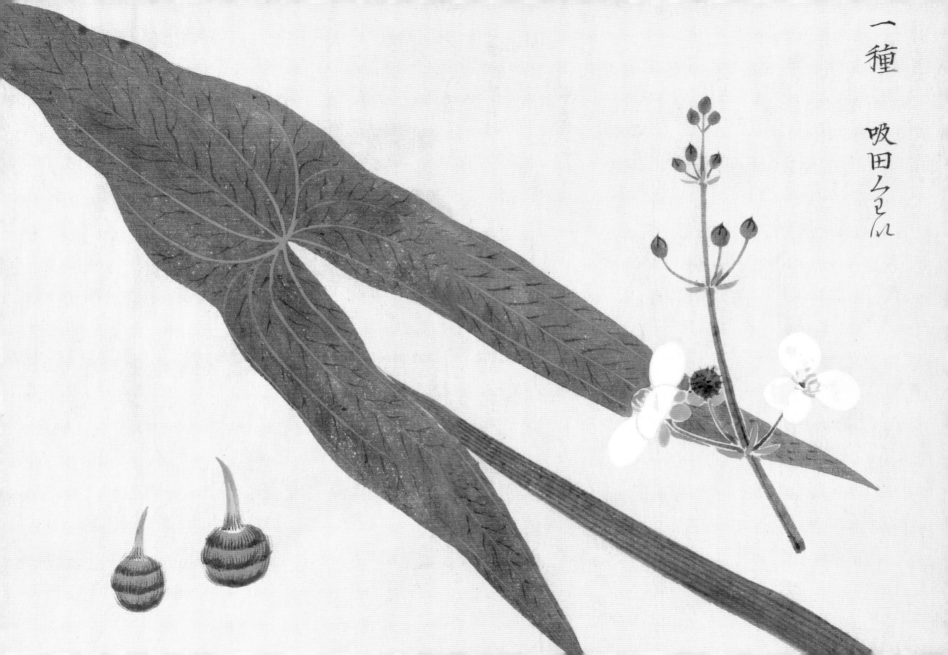

一種 吹田くわ

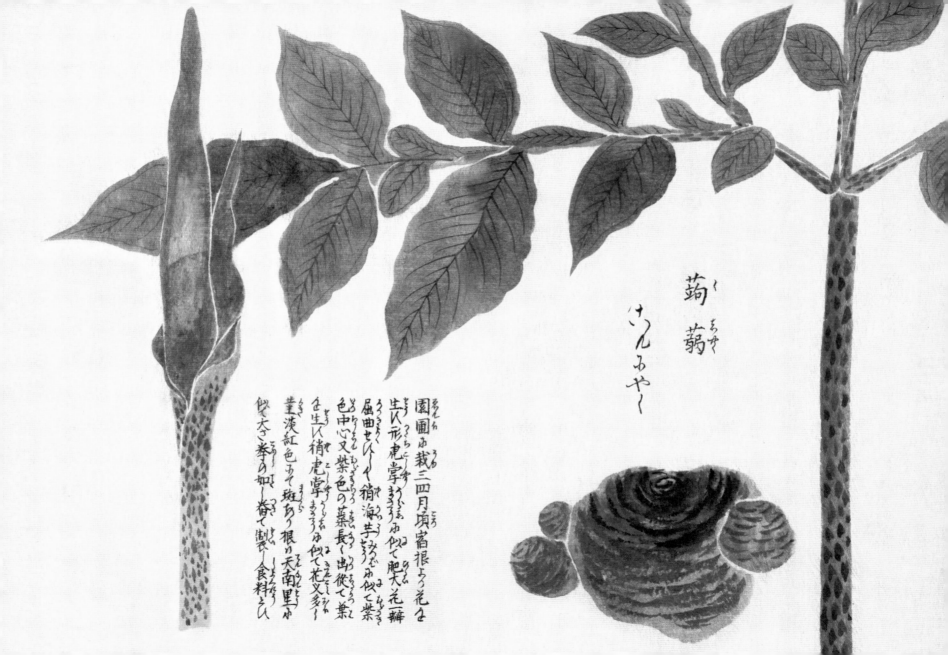

蒟
蒻

くわ
ちやく

こんにやく

園圃ゐ栽ゑ三四月頃宿根より花を
生じ形蒪蕈に似て肥大花一瓣
屈曲せしく蒟蒻芋に似て紫
色中心又紫色の葉長く出て葉
を生じ稍蒪蕈に似て花又多ク
莖淡紅色にして斑あり根ゐ天南里
似て大さ拳の如し一番て割食ゑ食料ゑし

魔芋

蒟蒻
Konnyaku

蒟蒻芋
Koniyakuimo

古尔也久
Koniyaku

　　原产于东南亚，天南星科多年生草本植物，拉丁文学名为Amorphophallus konjac。属名Amorphophallus 由"Amorphos"（奇形怪状的）和"Phallos"（阴茎）两个词组合而成。茎顶先开花，并会散发出恶臭的气味。球茎的使用范围很广，据说因为这种球茎可以入药，所以从中国经由朝鲜传到了日本。还有一种说法是从绳文时代就传入了日本。蒟蒻的语源有《本草和名抄》和《和名抄》中记载的"古尔也久""蒟蒻"，由此演变成了今天的称呼。生药名也叫蒟蒻，被用作漱口药和止咳药。另外，将球茎磨成粉加入石灰加固后，可以做成食用魔芋。魔芋热量低，对肥胖、过度饮食导致的糖尿病、动脉硬化症等病人而言，是一种非常有效的食疗材料。

百
两
金

唐
橘
Karatachibana

橘
Tachibana

橙
橘
Daidaitachibana

百
两
金
Hyakuryokin

分布在中国的暖温带至亚热带地区、日本的关东南部以西地区，紫金牛科常绿灌木，拉丁文学名为 Ardisia crispa。属名 Ardisia 的词源是"Aris"（枪尖）。开白色的小花，结红色的果实。其园艺品种多样，有的结白色、黄色、桃红色的果实。日文名称"唐橘"据说是因其略带红色的橘子果实被人们称为"赤唐橘"，简称就是"唐橘"。和同属于紫金牛科的黄金万两花并称为吉祥树，用来祈求生意兴隆。虽然它们是不同的种类，但是因为很相似，所以在江户时代被人们混淆了。中文名称是"百两金"。

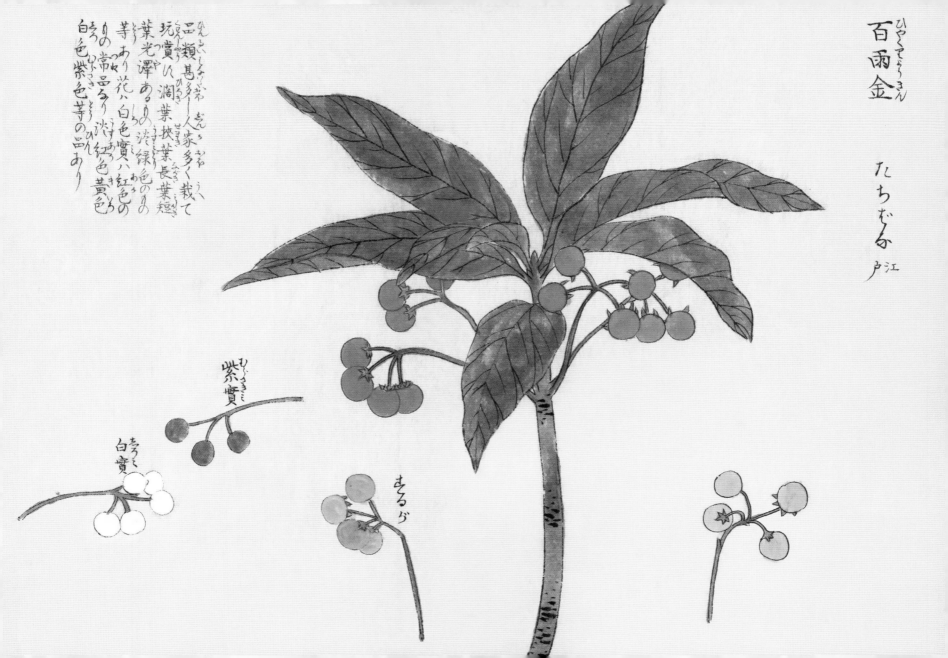

百雨金
ひゃくりょうきん

たちぐみ
江戸

紫實
むらさきみ

白實
しろみ

まるみ

南天竹

南天
Nanten

南天烛
Nantenshoku

兰天
Ranten

南天竹
Nantenchiku

　　原产于中国，在日本中部以南的本州、四国、九州也有分布，小檗科常绿灌木，拉丁文学名为 Nandina domestica。属名 Nandina 取自日文名称"南天"。种加词 Domestica 是"长在那片土地上"的意思。这种植物会在枝头上开出很多白色的小花。秋去冬来，南天的叶子染红了，非常美丽，结出红色的小果实。古时候从中国传入日本。日文名称"南天"取自中文名称"南天竹""南天烛""南天竺"的"南天"二字。因为南天这个音和"难转"相通，所以被认为是消灾的树，是吉利的树，被人们用来祈求平安分娩，或是武士在出征前装饰在壁龛祈求胜利。桃山时代人们把它当作花材使用，到了江户时代就变成了普通的庭院树，诞生了很多园艺品种。在中医里，南天的叶子被称为南天叶，用于治疗扁桃体炎，果实被称为南天实，用于止咳。其花语是"幸福家庭""吾爱日深"。

南燭
なん
ちょう

本书参考书目：

《园艺植物名的由来》（中村浩 著 / 东京书籍）

《园艺达人本草学者：岩崎灌园》（平野惠 著 / 平凡社）

《基本香草事典》（北野佐久子 编辑 / 东京堂出版）

《现代插花花材事典》（敕使河原宏、大场秀章、清水晶子 监修 / 草月出版）

《讲谈社 园艺大百科全书》（讲谈社）

《四季之花事典》（麓次郎 著 / 八坂书房）

《可自采的药材植物图鉴》（增田和夫 监修 / 柏书房）

《植物谚语事典》（足田辉一 编辑 / 东京堂出版）

《植物名字的故事》（前川文夫 著 / 八坂书房）

《植物和名词源新考》（深津正 著 / 八坂书房）

《神农森林里的树木——森林里树木们的生药图鉴》
（谷田贝光克、谷本丈夫、小根山隆祥、杉山明子 著 / 香水杂志社）

《神农本草经的植物》（小根山隆祥、佐藤知嗣、飞奈良治 著 / 谷崎书店）

《图说草木名汇辞典》（木村阳二郎 监修 / 柏书房）

《图说花与树的事典》（木村阳二郎 监修 / 植物文化研究会 编辑 / 柏书房）

《世界大百科全书》（平凡社）

《诞生花 366 的花语》（高木诚 监修 / 大泉书店）

《生日花事典 366 日》（植松黎 著 / 角川文库）

《日本蔬菜调酒师协会正式组织的蔬菜事典》
（日本蔬菜调酒师协会 主编 / 宝岛社）

《花语——花的象征和民间传说》（春山行夫 著 / 平凡社）

《花语·花事典》（Fleur 编辑 / 池田书店）

《花的日历 365》（八坂书房）

《花图鉴树木》（伊丹清 监修 / 草土出版）

《花图鉴钵花》（草土出版编辑部 编辑 / 草土出版）

《花图鉴蔬菜》（内田正宏、芦泽正和 监修 / 草土出版）

《花与日本人》（中野进 著 / 花传社）

《花与花语辞典——原产地、花期、故事及生药》（伊宫伶 著 / 新典社）

《花名的故事 100》（戴安娜威尔斯·伊比帕特森 著 / 大修馆书店）

《牧野新日本植物图鉴》（牧野富太郎 著 / 北隆馆）

《药草博物志森野旧药园和江户植物图谱》
（佐野由佳、高桥京子、水上元、金原宏行 著 / LIXIL 出版）

《山与溪谷文库 野草的名字春、夏、秋冬》
（高桥胜雄 著 / 山与溪谷社）

收录图版

从"国立国会图书馆数字收藏"所藏的《本草图谱》转载。本书刊登之际，进行了一些画像修正，比如对原图进行了色调修正，将图画连接起来等。

田岛一彦

1946年出生于东京。1969年毕业于日本多摩美术大学设计专业，随后在资生堂广告部从事广告工作，最终担任该公司创意总监。2005年起，田岛一彦成为一名独立艺术总监。个人获奖经历：朝日广告奖、每日广告奖奖、读卖广告设计奖、富士产经广告奖、日经广告奖、电通奖、ACC奖、日本杂志广告奖、纽约电影节奖等。